LANDSCAPE ENGINEERING PROJECTS
GOLD AWARD
COLLECTION

科学技术奖
（园林工程子奖项）
金奖项目集

《筑苑》理事会 编编

海淀区园外园生态环境提升一期园林绿化工程

雁栖岛"国际高峰论坛"项目园林景观提升改造工程

示范区及周边环境整体提升——示范区景观提升工程二标段
（北京怀柔雁栖湖生态发展示范区）

西十冬奥广场项目（景观）

首钢老工业区改造西十冬奥广场项目景观工程

海淀区园外园生态环境提升（环玉泉山片区、妙云
御香片区、茶棚片区、中坞片区）工程三标段

华发水郡花园二期C区一、二标段园林景观工程

牧云溪谷三期景观绿化工程

昆山亭林园改造提升工程一期（亭林园园区改造）A标

苏杭之星一期景观绿化工程

何园抢修工程

东营市城乡道路完善工程南二路（天目山路至西四路）
综合改造工程施工（第七标段）

环东湖绿道一期景观工程第二标段

闽南文化生态走廊示范段项目

北京草桥花卉历史文化保护地景观提升工程

东城区环二环城市绿道景观工程一标段

东城区环二环城市绿廊景观工程二标段

大亚湾红树林城市湿地公园第二阶段一标段工程

常熟文庙二期工程

恒禾七尚1号地块高层区（剩余区域）景观工程

六合新城环境综合整治工程项目园林绿化工程

中国建材工业出版社

图书在版编目（CIP）数据

科学技术奖（园林工程子奖项）金奖项目集 ／ 《筑苑》理事会编．－－ 北京：中国建材工业出版社，2020.7
ISBN 978-7-5160-2935-0

Ⅰ．①科… Ⅱ．①筑… Ⅲ．①园林－工程施工－科技奖励－案例－中国 Ⅳ．①TU986.3

中国版本图书馆CIP数据核字（2020）第098578号

科学技术奖（园林工程子奖项）金奖项目集
Kexue Jishujiang（Yuanlin Gongcheng Zijiangxiang）Jinjiang Xiangmuji
《筑苑》理事会　编

出版发行：中国建材工业出版社
地　　址：北京市海淀区三里河路1号
邮　　编：100044
经　　销：全国各地新华书店
印　　刷：北京天恒嘉业印刷有限公司
开　　本：889mm×1194mm　1/16
印　　张：10.75
字　　数：220千字
版　　次：2020年7月第1版
印　　次：2020年7月第1次
定　　价：200.00元

《科学技术奖（园林工程子奖项）金奖项目集》

—— 编 委 会 ——

指导专家：

商自福　邢世华　梁宝富　吴世雄

编　　委（按姓氏笔画排序）：

马　旺　于思洋　王　超　王凯峰　王珍珍　方龙俊　叶光明　田立刚

庄钟阳　刘　全　刘志峰　杜伟宏　李水雄　李东红　李含笑　杨　哲

宋京涛　张先哲　陈　聪　陈雨潭　罗　伟　胡亚琼　俞　倩　徐　墅

徐连江　黄　耀　黄炳成　黄烈坚　崔文军　商　岩　韩　健　蓝文锋

蒲小铭　魏美娥

统稿编辑：

郭泽莉　章　曲

中国特色社会主义进入了新时代，我国经济发展进入了新常态。推动高质量发展，既是保持经济健康发展的必然要求，也是适应我国社会主要矛盾变化和全面建成社会主义现代化国家的必然要求，更是遵循经济规律的必然要求。

园林行业同样面临高质量发展的挑战。园林绿化作为美好人居环境的科学支撑，以协调人与自然关系为根本任务，担负着必要的生态和风景营造的重任，也直接关系着千家万户市民百姓的绿色福祉。通过园林绿化的科学规划与部署，城市将发挥更大的生态功能，促进生物多样性，推进生态文明建设，实现人与自然和谐共生。

为了加快实现园林行业高质量发展，鼓励企业以及社会各界对风景园林领域的科技投入，提高风景园林行业的整体科技水平，充分调动广大科技人员的积极性和创造性，推进科技创新和技术推广，加快科技成果转化，中国风景园林学会开展了2019年度科学技术奖评审工作。评奖范围为风景园林领域科技成果、规划设计及工程项目等，设科技进步奖、规划设计奖和园林工程奖三个子奖项。

本次科学技术奖园林工程子奖项评审共收到来自26个省、自治区、直辖市的申报材料579件，经认真审核，符合登录条件的有效材料有425件。按照《中国风景园林学会科学技术奖奖励章程》及《中国风景园林学会科学技术奖评奖实施细则》，经过对申报材料的审核、登录、初审、终审、公示、抽查等环节，评出获奖项目297项。其中，76个项目荣获金奖，148个项目荣获银奖，73个项目荣获铜奖。

推动园林行业高质量发展，归根到底是要靠真抓实干。本次园林工程子奖项的获奖项目在摒弃"贪大求洋、重建轻养、固步自封"等落后思想、杜绝"高价绿化、过度绿化、短命绿化"、满足人民日益增长的美好生活需要的高质量发展等方面作出了有益探索。为了更真实、更全面地记录和宣传优秀项目，中国建材工业出版社《筑苑》理事会积极作为，将高质量、高水平的部分金奖项目汇集成册，发挥出版传媒的传播力、公信力和影响力，通过图书形象地告诉人们什么样的园林绿化项目是值得肯定和借鉴的。

经专家推荐，本书收集了 21 个金奖项目，入编本书的工程项目无论是设计水平还是施工水平，都具有显著的典型性和示范性，在新技术、新工艺、新材料的应用方面也有新突破。一方面，有些企业已经拥有了自主研发的技术专利；另一方面，在选材上更加体现生态环保、循环利用的先进理念。这些都值得鼓励和提倡，也体现了出版这本金奖项目集的价值与意义。

优秀的园林绿化工程不仅为人们营造了宜居的生活环境和优雅的人文氛围，它还是倡导创造、奋斗、团结、梦想精神的生动体现，更代表着传承与发展、精益求精的园林工匠精神，以创先争优的鲜明导向激发园林行业高质量发展的信心与动力。希望本书的出版能够为广大同行提供借鉴与参考，也期待更多金奖项目的获奖单位能够通过出版共享创新成果，助力产业进步，共同推动我国园林行业高质量发展。

中国建材工业出版社《筑苑》理事会

2020 年 5 月 20 日

DIRECTORY
目 录

01

海淀区园外园生态环境提升一期园林绿化工程

北京市新海园林工程有限公司

徐墅　韩健

一、工程概况

　　"三山五园"是北京西郊一带皇家行宫苑囿的总称，是从康熙朝至乾隆朝陆续修建起来的。"三山"是指香山、万寿山、玉泉山；这三座山上分别建有静宜园、颐和园、静明园，再加上畅春园和圆明园，即统称为"五园"。

　　园外园特指颐和园与静明园周边区域。该区域处于"三山五园"规划片区的核心位置，其区域定位为："三山五园"世界文化遗产景观区的重要支撑；皇家园林和京西历史文化延展的重要区域；京城唯一以山水田园风光为特色、以御苑皇家文化为背景的近郊休闲游憩区；西北郊历史公园建设的重要组成部分。

图 1　初夏插秧后的稻浪流香景点

图2　春苗绣野

图3　春苗绣野景点边的拱桥

图4　生物质循环再利用

海淀区园外园生态环境提升一期面积约72.7公顷，为古瓮山泊退水区域，风景与稻作历史悠久。自元代起，即由政府整体开发、直接管理，成为京城最著名的风景游览区。随着历代精心管理与耕作，形成山林环护、田湖交错的特色景观，被喻为"江北水乡"，明代有众多田园诗文产生于此。至清代，为静明园与奉宸苑管辖范围，除生产观光功能外，更成为宣扬重农国策、观稼占候的皇帝巡视区。

2015年，海淀区园外园进行景观提升改造，按照"保护、恢复、传承"的理念，以遗产保护为基础，修复生态、梳理文脉，构建以山水田园风光为特色的京郊休闲游憩区，体现皇家园林和历史文化的延展、世界文化遗产的保护、西北郊历史公园的支撑，改善"三山五园"地区的生态环境，满足生态需求，还原区域历史，为建设生态良好、环境优美、文化底蕴深厚的世界城市奠定坚实基础。

项目建设以水为脉，恢复历史稻田100亩；辟出借景视廊；就低为渠、因林添花；塔阁远映、溪潭近呈；再现"御苑—水乡—田园"的历史氛围。点缀历史记忆与小品，主要有稻浪流香、苇岸桑林、春苗绣野、社林丰歌、玉峰塔影、长河浮金、三朝遗想、御道斜阳，以志不忘本土之远脉（图1～图16）。

二、项目解析

根据设计图纸，因地制宜，适地适树，种植油松、桧柏、垂柳、国槐、暴马丁香等百余种乡土树种，共计8000余株；同时注重引进新优品种，种植彩叶海棠、紫叶稠李、紫叶黄栌等100余株，种植密度合理，搭配适宜；同时播撒二月兰、白三叶、紫花地丁等草籽10余万平方米，固土省水。

开辟稻田100亩，恢复湖面150亩，为雨水收集、防汛抗洪提供了载体。稻田和湖面均采用微渗膨润土防水毯，达到自然防水效果。稻田恢复了清代田梗样式，选用京西稻优良品种，通过人工古法插秧与现代水稻养护技术相结合的方式，在清澈的湖水灌溉下，京西稻口感得到了水稻专家的一致认可。

工程施工过程中加强对原有大树的保护工作，在水域和稻田范围保留原有大树，修建小岛并搭配自然山石。同时对已经枯死大树，通过树下围合篱笆、种植攀缘植物等手段实现装饰新效果。

为了实现水稻安全，全部采用生物防治技术代替传统打药操作，运用天敌增殖扩繁释放装置、新型树木挂钩杆、天牛诱捕器、贴虫板等新技术方法。

在养护过程中，采用便携式电动升降车进行大树修剪，替代传统人工上树修剪，确保施工安全，提高工作效率。

对于修剪下的树枝进行现场质粉碎，并将粉碎物铺撒于林间，起到环保防尘作用。另外，在冬季将摩奇彩色有机覆盖物铺设于田间，为万物凋零之季增添了多彩的景观效果。除现场处理的小型树枝树杈，剩余园林废弃物运至我公司自有处理场，粉碎后沤肥，再投入园林工程建设。

本项目采用GPS卫星定位装置测量、放线，采用公司内部成本控制软件进行费用核算，积极践行"智慧园林"思想。

图5 冬季生物质覆盖后的稻浪流香景点

图6　收获季节的稻浪流香景点

图8　和谐的秋日

图7　油菜花盛开的春苗绣野景点

图9　玉峰塔影

图 10　稻浪流香景点

图 11　保留的现状树

图 12　保留的现状柏树林

图 13　荷塘月色景点边的向日葵花田

图 14　荷塘月色景点

图 15　油菜花盛开的稻浪流香景点

单位名称：北京市新海园林工程有限公司

通信地址：北京市海淀区万泉庄路 28 号万柳新贵大厦 B717

邮　　编：100089

电　　话：010-58720226

传　　真：010-58720226

图 16　天敌发生器

02

雁栖岛"国际高峰论坛"项目园林景观提升改造工程

北京金都园林绿化有限责任公司

宋京涛　于思洋

03

示范区及周边环境整体提升
——示范区景观提升工程二标段（北京怀柔雁栖湖生态发展示范区）

北京市花木有限公司

商　岩　张先哲

一、工程概述

2017年"一带一路"国际合作高峰论坛雁栖湖生态发展示范区园林景观提升工程项目位于北京市怀柔区雁栖湖生态发展示范区内，是北京市重点工程、首届"一带一路"峰会的重点配套工程。其中，示范区项目是进入峰会主会场的指定路线沿线周边环境提升及美化工程，雁栖岛项目则是峰会举行的核心区域。

本工程总面积477714m²，主要包括示范区入口、范崎路沿线、国际会展中心、雁栖岛入口及全岛环线、夏园瀑布和海晏厅旱溪等6个主要功能区域。项目实施的宗旨是保障会期，惠及长远，以打造"生态、文化、创新"的高端园林景观为目标（图1～图6）。

图1 雁栖湖霞光

图2 2017年"一带一路"国际合作高峰论坛雁栖湖生态发展示范区园林景观提升工程鸟瞰

图 3　生态修复

图 4　范崎路

图 5　夏园

项目建设完成后，不仅提升了雁栖湖地区的景观效果和生态效益，为"一带一路"峰会的顺利召开增添了一抹亮色，还向世界展示北京印象，对提升北京地区国际交往能力具有重要意义。

作为首届"一带一路"峰会的重点配套工程，实行最高标准、最严要求、最美效果。项目以雁栖湖为核心，打造"老地方新印象"，实现"花、草、树、石"四季可赏、"山、水、林、路"开合有致，"亭、屋、椅、厕"安全便捷的建设目标。

图 6　旱溪

　　项目范围内雁栖岛、范崎路、北环路、南环路等原为 2014 年 APEC 会议期间配套工程，经历三年时间，原有的种植布局已经形成，要在现状景观条件下重新梳理，通过保留乡土元素、古树复壮、乡土树种及新优花灌木栽植、地被花卉补充以及生态修复等多种手段，做到改造景观与原有景观的完美融合，同时践行可持续发展理念，根据怀柔当地特点做到"望得见山、看得见水，记得住乡愁"（图 7 ~ 图 14）。

图 7 道路两侧环境布置

图 8　范崎路道路景观鸟瞰实景

图 9　范崎路入口立体花坛

图 10　范崎路路口之一

图 11　范崎路道路两侧

图 12　"古槐溪语"景点——现状大树保留

图 13　乡土树种应用

图 14 植草沟

　　景观布置上体现了传承文化和记忆特色，保留了原始风貌，绿化种植上充分考虑了植物生长空间需求，做到疏密有致、留白、增彩，无论是雁栖岛及范崎路道路两侧自然式布置，还是山坡林地、林缘花境，步移景异，营造了"一带一路"峰会期间春花烂漫、五彩缤纷的景观效果。

　　本项目是高标准园林景观提升工程，改造比率83.8%，几乎囊括了绿化施工和花卉施工的全部内容。绿化种植部分栽植乔木5635株、灌木53504株、色带绿篱201893株、铺设草坪136950m²、地被124910m²（其中野花混播58890m²）、山体生态修复部分11560m²、古树复壮1株。

　　花卉项目中大色带、草花混搭，路缘花境、林缘花境、立体花坛、容器布置等全应用形式。庭院部分包含拆、改、建等多个分项。

　　施工过程经历冬季大雪、雾霾天、早春霜冻、初夏高温等多种复杂情况，施工内容包罗万象，对项目团队的综合技术水平、组织管理能力都是巨大的挑战（图15、图16）。

图 15　冬期施工

图 16　雪天施工

二、项目解析

各种类型的花卉应用是项目实施的一大亮点，同时也是难点，难在耐霜、耐寒兼耐热（会后延续）、色彩丰富的花卉品种和高架桥特殊花卉的品种选择及养护技术。为此，项目部查阅了大量资料，利用已有的秋季耐寒花卉基础，自主确定适宜花卉种类。同时结合项目实施，开展露地栽植试验，筛选耐霜、耐低温种类品种。高架桥容器花卉要具备耐霜、耐旱、集中灌溉后不影响观赏效果等特点，项目部反复比较筛选，确定采用扦插繁殖矮牵牛新品种索菲尼亚，取得了超出预期的效果。

夏园瀑布区域位于主会场出口区域，是出口第一印象，也是本次施工的重点。该区域有 4000t 的山石码放，上万块天然山石要展现出奇石飞瀑的自然景观效果，而入场时施工图纸只有地形图，每一块山石如何码放成为困扰施工人员的难题。项目部与设计单位、建设单位沟通，组成山石码放专题研讨班，设计、施工同步进行，确保山石码放得恰到好处（图 17、图 18）。

图 17 夏园瀑布全貌

图 18 夏园瀑布施工

　　本次改造提升中，为保证景观效果，需要对现有大树进行移植，雁栖岛内 15 天移植大规格珍贵乔木 625 株。为满足施工工期及景观效果需求，对移植的大规格乔木采取了加大土球规格，使用生根粉、缠干防寒、覆地膜、根部培土防寒、喷抗冻剂、增加根部通气管等一系列保活措施，最终保留了优美树形且保证了移植乔木的成活率。

三、技术创新

1. 防水工艺改进

　　基于不同区域防水层的需求，运用高分子防水材料和膨润土防水毯等新材料优化工序，比传统的防水施工方案更加简便快捷，很大程度上缩短了工期（图 19）。

2. 古法技艺传承与现代工艺融合

　　夏园瀑布中采用的园路为乱型甬路，是一种即将失传的园路形式。园路所用石材全部为产自山东威海的花岗岩条石，原石经具有几十年从业经验的老石匠手工打磨成半成品，铺设好后再进一步根据设计要求及乱型甬路铺设工艺要求，由石匠手工将石面打磨出凹凸不平但是适宜休憩散步的成品，古法自然，蜿蜒成趣，与自然融为一体（图 20、图 21）。

图 19　膨润土防水毯　　　　　　　图 20　乱型甬路

图 21　乱型甬路施工

3. 园林绿化废弃物应用

采用园林绿化废弃物生态处理技术，打造生态循环垃圾处理系统，实现园区内园林绿化废弃物的循环再利用。

4. 乔木低位支撑技术

传统的苗木支撑采用木杆支撑，美观度差，一直是影响新建园林景观效果的主要原因。为保证会议期间的园区美观，本工程创新性地采用了乔木低位支撑技术（实用新型专利第5888648号）。

此乔木支撑为铁质材料，坚固耐用，在树木底部支撑，且在每个支撑底部都有底托，利用土的压力和摩擦力大大增加了支撑的牢固度，相比普通的苗木高位支撑则显得隐蔽而美观。

图22 高标准果岭草坪

5. 卵石渗井根部透气技术

本工程改造后的草坪是按高尔夫球场的标准施工和养护的，草坪需水量比较大，每天都要进行喷水作业，种植在草坪上的树木容易因水涝而死亡，针对这一情况项目部对树木进行了卵石渗井根部透气技术（实用新型专利 第6499867号）处理（图22、图23）。

其具体做法是首先在种植穴底部放置8~10cm厚碎石，增加透水性，然后制作通透管和透气管，插入树坨底部，上面用纱布罩好，增加透气性。

图23 高标准养护

6. 雾喷系统

为进一步提升园区的景观效果，与设计主题"燕草映碧色，柳烟藏芳菲"相呼应，本工程采用了雾喷系统。雾喷系统除了水雾造景以外，雾气还可以给草坪和林木补充水分，另外还起到增加空气湿度、除尘等作用。

项目多个区域都使用了雾喷系统，尤其是夏园瀑布安装的雾喷系统，雾气昭昭，景色若隐若现，意境十足，承袭中国古典园林"藏与露，隐与显"的视线关系，打造层次分明、错落有致的雁栖湖景色（图24、图25）。

图24 夏园瀑布雾喷

图 25　雾喷

7. 缝隙式线性排水系统

本工程观景平台前的镜面水池应用的是缝隙式线性排水系统。与传统的点式排水系统相比，具有排水效率更高、找坡简单、易于施工、安装方便、施工开挖深度较浅、易于清理和维护等优点。完工后铺装面上仅留下一条窄窄的排水缝，排水效果正常，在不影响正常排水功能的情况下提升景观效果（图 26）。

8. 隐形井盖技术

普通的绿地井盖在草坪上格外突兀，影响草坪的整体美观，本工程绿地采用的是不锈钢隐形井盖。隐形井盖呈凹陷状，并可以在凹陷处填充土壤，在土壤上种植草坪，仅仅漏出一小圈井盖在外，既能很方便地找到井盖又没有普通井盖那么突兀，在绿地中使用既隐蔽又美观（图 27）。

9. 护栏悬挂轻型自吸水容器技术

传统的高速路悬挂花槽需要经常养护管理，本工程采用护栏悬挂轻型自吸水容器（实用新型专利 第 6446917 号）解决了京承高速两侧高速路挂槽养护浇水问题，大大减少了养护人工成本，对花卉生长也起到很好的保护作用（图 28）。

10. 新优植物材料

"一带一路"峰会举办时间为 2017 年 5 月 14 日，由于这个时间节点北京地区的观花植物已经很少，往往会出现绿化植被单一而导致人们审美疲劳的问题。项目部引进花叶杞柳、毛地黄、大花飞燕草、舞春花、大花海棠、木茼蒿、火炬花、高标准果岭草等多种新优植物，在会议进行期间营造新颖独特的绿化景观（图 29 ～图 33）。

图 26　缝隙式线性排水系统

图 28　高速路花槽及地栽

图 27　隐形井盖　图 29　地摆景观

图 30　国际会展中心周边花卉布置

图 31　坡面模纹花坛

图 32　核心岛入口处花卉布置

图 33　沿路景观

11. 斧劈石

　　斧劈石属硬质石材，其表面皴纹与中国画中"斧劈皴"相似，具有浓厚的中华文化特色。斧劈石因其形状修长、刚劲，造景时做剑峰绝壁景观，尤其雄秀，色泽自然，多被用于制造盆景。本工程将此种石材运用于室外园林，与自然山水相呼应。

图 34　水纹砖

12. 水纹砖

　　水纹砖是一种仿照水纹的方式在表面刻上纹路的建材，雁栖岛入口广场和海晏厅观景平台的镜面水池都应用了水纹砖。水纹砖使得水池有波光粼粼的效果，配合斧劈石营造的微山水造型，景观效果更佳。入口处的水池配合"夔龙吐水"铜雕使整个入口的景观显得高端大气，与汉唐飞扬的主题融为一体（图 34～图 37）。

图 35　镜面水池

图 36　枯山水造型　图 37　夔龙吐水

单位名称：北京金都园林绿化有限责任公司

通信地址：北京市海淀区紫竹院甲 2 号

邮　　编：100048

电　　话：010-66215284

传　　真：010-66215284

单位名称：北京市花木有限公司

通信地址：北京市西城区文兴东街 2 号

邮　　编：100044

电　　话：010-68358226

传　　真：010-68358226

04

西十冬奥广场项目（景观）

北京顺景园林股份有限公司

杨　哲　罗　伟

05

首钢老工业区改造西十冬奥广场项目景观工程

北京首钢园林绿化有限公司

吴　际　孙　燕

一、工程概述

　　在本项目建设的过程中，始终将"绿色办奥、共享办奥、开放办奥、廉洁办奥"的理念作为最高要求，贯彻落实冬奥会"可持续发展"的理念和"海绵城市"的国家政策，树立老工业区生态改造的典范（图1～图19）。

图1　北广场1

图2　北广场2

图 3　北广场 3

图 4　北广场 4

图 5　北广场 5

施工过程中，首钢绿化与顺景园林强强联合，集中优势资源，深入挖掘多年积累的技术资源，运用科学的施工管理方法，力图使本项目建成后能够达到：环境宜人、生态优良、功能完善的综合目标，为冬奥会的筹办和首钢老工业区的改造做出园林绿化行业应有的贡献。

图 6　北广场 6

图 7　北广场 7

图 8　天车广场 1

二、项目解析

1. 项目特色

本项目综合运用现代景观规划理念和生态修复技术，实现了对城市老工业区的生态改造，主要特色体现在以下几个方面：

① 最大限度地保留原有工业设施设备，并使其与新建景观融为一体，既保留了当地的历史记忆，又使空间环境富有浓郁的现代气息；

② 保留原有场地高差，结合现代空间营造手法，使高处转换成可以登高远望的台地花园，使低处转换成蛙声一片的生态湿地；

③ 利用现场废弃材料，赋予其新的生命，创造新的价值，减低了建造成本；

图 9　天车广场 2

④ 运用生态群落原理，选用乡土树种，打造适宜当地植物景观，使植物景观兼顾稳定性和成长性，同时降低维护成本；

⑤ 运用透水砖、透水混凝土、耐候钢等生态环保的新材料、新工艺，创造了良好的生态价值、观赏价值、经济价值。

2. 技术创新

技术创新集中体现在以下方面：

① 大面积应用透水铺装，同时为区分不同的功能空间，采用了透水砖、透水沥青、透水混凝土

等多种透水铺装材料。此外，透水砖的骨料部分采用建筑垃圾再生骨料，增加了生态价值，使地面铺装具有了呼吸功能，加速了雨水下渗，减低排水压力，有效补充地下水，在园区内实现了雨水的综合循环利用。

②在原厂区土壤理化性质分析、厂区小气候和植被调查基础上，确定了适宜的植物群落类型，选定了适宜的乡土植物品种。根据设计的景观意向，遵循园林绿化"适地适树"的原则，对种植土进行了优化，增强景观的稳定性和可持续性，降低维护成本。

③应用自有专利，结合现场条件，建造人工生态湿地。降低了建造成本，缩短了施工周期，增加单位面积的蓄水量，降低了后期维护费用，创造了生态和经济的双重价值。

图 10　料仓路 1

图 11　料仓路 2

图12　南庭院1

④ 废旧材料利用，降低成本，凸显工业特色。厂区内原有铁路拆除后闲置，在改造过程中，被创新利用为特色水景的装饰面、花箱、坐凳等，既使废旧枕木得到有效利用，又避免了使用新木材开裂变形的缺点。

⑤ 新材料的应用，包括建筑垃圾再生骨料、装配式清水混凝土构件、耐候钢。

项目建设过程中，积极运用自有专利科技成果，涉及以下方面：

① 结合现场地形，建造人工湿地，缩短了施工周期，降低了建造和使用维护成本（专利号：ZL201620961960.9《一种水平流人工湿地基质结构系统》和 ZL201620961986.3《一种垂直流人工湿地基质结构系统》）。该专利的主要优点：渗滤层模块化施工，降低了施工难度；解决了过滤系统堵塞，降低了后期维护成本，收集雨水用于浇灌，减少水源消耗。

② 应用自有专利建造自动喷灌系统，有效降低了浇灌用水量和人工费，提高了喷灌系统的运行稳定性（专利号：ZL201410480989.0《自回旋升降喷灌装置》）。

③ 应用自有专利建造阶梯式绿地，缩短了施工周期，降低了建造和使用维护成本（专利号：ZL201721101385.6《一种雨水就地消纳利用的阶梯式绿地》）。

④ 应用自有专利构建了北庭园台地花园树木供水系统，解决坡地树木浇水和保水问题，降低了养护期间的用水量和人工费（专利号：ZL201721899555.X《一种自吸式树木根系供水系统》）。

⑤ 应用自有专利建造北庭园透水沥青路面基层，实现了基层预制模块化施工，缩短了施工周期，同时增强了基层的稳定性和透水性（专利号：ZL20150487330.8《一种沥青道路》）。

⑥ 应用自有专利构建了北庭园台地花园生态护坡，解决了坡度过大土壤不稳的情况，同时保证了景观效果，降低了建造费用，延长了护坡的使用寿命（专利号：ZL201620133892.7《生态护坡墙》）。

图 13　南庭院 2

图 14　南庭院 3

图 15　南庭院 4

图 17　南庭院

图 16　南庭院 5

图 18　南庭院 7

图 19　南庭院 8

单位名称：北京顺景园林股份有限公司

通信地址：北京市朝阳区紫月路 18 号院 14 号楼 1-6 层

邮　　编：100102

电　　话：010-64860008

传　　真：010-64881299

单位名称：北京首钢园林绿化有限公司

通信地址：北京市石景山区石景山路 68 号

邮　　编：100043

电　　话：010-88397600

传　　真：010-88397600

06

海淀区园外园生态环境提升（环玉泉山片区、妙云御香片区、茶棚片区、中坞片区）工程三标段

北京京林园林绿化工程有限公司

徐连江　胡亚琼

一、工程概述

中坞公园总用地面积约为 55.62 公顷，整个地块呈长方形，绿化面积 418730m²；铺装面积 37434m²；稻田面积 58000m²；水系面积 42000m²。项目内容包括土方工程、整理绿化用地、苗木种植、广场道路铺装、景观水系及驳岸、园林景观设施、电气工程、浇灌工程等。

中坞公园以水景作为生态及景观的核心区域，围绕水景打造农耕景观和不同的园林空间，并利用农田形成与城市空间相联系的视线通道。主要景观表达是延续一期两山片区的田园水乡特色，同时在水景及稻田景观上与北坞公园及南水北调调蓄池形成联系、融为一体（图 1～图 20）。

项目依托历史风貌记忆，体现"三山五园"皇家园林与田园环境的和谐统一，同时也是开启西郊观光线风景之旅的起点；"清幽雅致、山野晴和"是设计主要营造的景观氛围；以水稻和油菜为主要的亮点，打造一个稻花飘香的休息空间。最终在功能和景观上，利用现状土山形成梯田景观，打造了独特登高远眺的视点。此外，利用稻田景观形成城市交通的视线通道，为西郊观光线形成了门户式景观。

图 1　主山观景台遥望颐和园佛香阁

图 2　主山观景台一览公园全景

图 3　主山观景平台

图 4　北坞跨河台周边绿植

图 5　北坞梯田远观玉泉山

图 6　中坞板岩叠砌桥

图 7　中坞地块滨水广场

图 8　中坞地块水源头

二、项目解析

1. 项目创新点及特色

水土保持工程中应用旱溪、雨水收集池实现自然水回收利用，总量达 40000m³。为了使整个园区排水顺畅，地势设置西高东低，地形上的雨水汇入旱溪。旱溪、稻田、溢水口和水系大湖连通，遇到较强降雨，雨水会顺着主湖水系排向东侧的集水洼地。集水洼地容积约为 2300m³，采用碎石蓄水层，混凝土管渗水层，地表级配砂石滤水层，周边种植耐水地被、绿篱，形成一套有效的渗排水设施。

旱溪施工遵循生态优先等原则，将自然途径与人工措施相结合，在确保公园排水防涝安全的前提下，最大限度地实现雨水在公园区域的积存、渗透和净化，促进雨水资源的利用和生态环境保护。

图 9　中坞公园绿植

图 10　休闲竹亭

图 11　古建亭

　　生态护坡工程中应用人工梯田的造景方式，不仅减少水土流失 70% 以上，而且在水稻成熟时呈现出"稻花飘香"的景观。由于主山地形堆置较高，最高处可达 27m，工期紧迫，土方没有沉降时间，原设计毛石挡墙分层固定梯田，风险较大，容易发生危险。经过项目部认真研究，决定运用生态袋稳固梯田。为了美观码放效果，特意将生态袋加工成方形，基础装级配砂石，里面装改良种植土，连接扣固定，每三层处钢筋连接，每道梯田设置溢流管，汇入主湖。

　　人工梯田具有保水、保土、保肥的作用，把坡地修成梯田可以减少水土流失 70% 以上，是郊野公园复杂地势处理新型生态措施。

　　结合现场地势和土方不能出园的特点，用生态袋码放和砌筑挡墙的方式，筑成阶梯式稻田，不仅可以改变坡度、拦蓄雨水、增加土壤肥力，达到保水、保土、保肥的效果，在秋季时，水稻成熟，还能呈现出"稻花飘香"的景观。

图 12 稻花飘香

图 13 稻田标牌

图 14 稻田木栈道及标牌

坡地排水工程中采用"之"字形排水沟，不仅起到疏导雨水的作用，而且造价低、景观效果好、生态效益高。对于主山及新堆筑地形，项目部采用"之"字形排水沟进行雨水收集，有组织地对雨水进行疏导。为了避免雨水入沟时冲刷沟壁，在沟壁采用荆条编织，结合沟底植物起到了滤水固土的作用。与传统排水沟相比，造价低，景观效果好，生态效益高。

2. 新技术、新工艺、新材料的应用

在园路工程中使用透水混凝土，既满足了道路交通承载力的要求，又可以吸声降噪、蓄水调湿、缓解城市的"热岛效应"等。在本项目的实施过程中特别注重新技术、新工艺、新材料的应用，主要体现在以下两个方面：

（1）首次在园林古建亭中使用铝合金仿真茅草

在中坞公园中，建造的古建亭为贴合田园理念，设计为茅草屋面亭，为保证景观效果及实用性，使用的是铝合金仿真茅草。铝合金仿真茅草是一种新型装饰材料。其主要功能是代替传统真茅草，具有防腐、阻燃、使用寿命长等优点。

（2）首次使用自有专利草坪砖

在停车场部位铺装使用自有专利草坪砖（专利号：ZL20152 0408933.4），其主要优点：抗压性强、耐磨性好；绿化覆盖率高、绿草生长期长；透水性好；美观、环保。

图 15　梯田绿油生机勃勃

图 16　梯田主山

图 18　木桩驳岸

图 19　仿竹篱笆茅草亭

图 17　梯田主山近景

单位名称：北京京林园林绿化工程有限公司

通信地址：北京市房山区长阳天星街 1 号绿地启航国际 16 号楼 15 楼

邮　　编：102400

电　　话：010-89362735

传　　真：010-89357866

图 20　湖边绿化

07

华发水郡花园二期 C 区一、二标段园林景观工程

御园景观集团有限公司

黄炳成　陈雨潭

一、工程概述

华发水郡花园是低密别墅大盘及商业住宅楼相结合，78 万 m^2 的原生态园林、35 万 m^2 的天然活水贯穿社区。华发水郡二期一、二标段绿地面积 28345m^2。

本工程内容包括二期 C 区一、二标段园林景观施工、景观结构施工、园林种植、喷泉水系施工、小溪驳岸施工、园林灯光施工、绿化灌溉用水施工、地面排水施工、景观砌体施工、凉亭小品施工以及维修保养等（图 1 ~ 图 12）。

图 1　建筑旁边种植植物，主要以灌木为主，增添绿化

图2 在主干道两旁种植小乔木和灌木植物，形成有层次的丛植，错落有致

图3 以石材为主的观景墙，在主干道旁边，拓宽居民的视野

图 4 蓝天、白云、植物、水围绕着建筑，构成一幅画卷

图 5 建筑周围的水景给建筑增加了灵动感，配以植物，使建筑有了生命

图 6 湖畔中的建筑倒影，与建筑构成对称美

　　在制定控制措施时，考虑法规符合性、对环境影响范围、影响程度、发生频次、社区关注程度、资源消耗、可节约程度等，为响应"海绵城市"的建设，运用自主研发的多项节水、节能的环保技术专利措施组织排水，依据种植品种的不同对表土层做相应厚度的土壤改良，使种植土符合植物对肥力和各种有机物、微量元素的需求，达到集雨节水、苗木长势旺盛的目的，解决"逢雨必涝，旱涝急转"的传统排水方式。

二、项目解析

　　本工程推行全面质量管理，实行程序控制，并运用多项专利技术，确保工程质量达到优良标准要求。

图 7　现代风格的建筑用自己笔直的线条，给人新颖、大方和舒适的感觉

　　本项目运用到的新型技术专利有：城市园林绿化集雨储水节水箱及集雨储水花坛专利、具有卯榫结构的地砖和草地砖专利、绿篱机结构专利、折叠式无土栽培机专利、集雨储水式花盆专利、立体绿化集雨储水式栽培工程软盘专利、盆景植物固定器专利等。新技术的运用具有更好的收集、储蓄雨水的功能，能大量节约城市用水，同时很好地协调了植物供水与供气及保肥的关系，非常有利于植物生长。

　　栽培区内均采用填充有栽培基质方式，在下雨时，集雨储水花坛能收集雨水储存在城市园林绿化集雨储水节水箱中，到干旱季节时，水分以毛细管渗透方式，慢慢渗漏到植物根区，供植物利用，或植物的根直接从城市园林绿化集雨储水节水箱中吸水，相当于以水培方式吸水。

图 8　整座建筑给人以现代、静谧的气氛

图 9 白色灰泥墙结合浅红色屋瓦，清新不落俗套，令人心神荡漾

　　首先，在本项目施工中，注重苗木的采购，选择符合设计要求且长得比较茁壮、根系比较发达又无检疫性病虫害的苗木。其次，在种植过程中注重土方质量。再次，加强对苗木的养护管理，尤其是在非种植季节栽植的苗木，采用先进的技术进行养护，确保苗木的成活率，积极推广和应用新型工艺材料，有效地实现了生态节能环保措施，实现成本控制的目的。

　　本工程涉及的水系景观颇多，使用生态修复技术，重新构建生态平衡系统，以生物修复为基础，结合各种物理、化学、工程技术等措施，通过优化组合，对已损害或退化生态系统进行重建或者修复，扬长避短，通过不同修复技术的有效结合，促进根际微生物共存体系发展，降低或清除环境污染，更为积极地保护生态。

　　场地排水则结合铺装缝隙采用线性排水沟，其特点是连续性截水，具有良好排水能力；缝隙的形式隐蔽性好，给人干净、简洁的感觉。

　　园内道路铺装采用一气呵成的手法，用铺装线条引导人流，空间变换自然，步移景异，导向性好，且风格统一大气。

图 10　到了夜晚，这些灯光发出柔和的金色光辉，使建筑犹如披上了一层金纱

图 11　华发水郡的整座建筑宏伟稳重，布局严谨

单位名称：御园景观集团有限公司

通信地址：珠海市香洲区翠前南路 45 号二层之一

邮　　编：519070

电　　话：0756-8992222

传　　真：0756-8992211

图 12　华发水郡的建筑简洁对称突显沉稳，功能的空间划分和位置布局体现现代风格的严谨

08

牧云溪谷三期景观绿化工程

深圳市华美绿生态环境集团有限公司

魏美娥　蓝文锋

图 1　邻湖观景台

图 2　别墅入口景观

图 3　妙趣横生的特色石雕

一、工程概述

牧云溪谷三期景观绿化工程总占地面积 100027m²，绿化面积 32134.1m²。项目的景观空间围绕整体建筑风格布局，以"山水暮云间"为概念，景观延续项目名称——牧云溪谷"牧为人，云为天，溪为自然，谷为地"的意境，将自然中的溪谷刻印到项目场地，"水"为景观联系的纽带，结合原有地形、地貌，充分运用水景、建筑、绿化及小品等多种艺术元素，提炼山水中的葱郁深林与潺潺流水，使人置于牧云溪谷中（图 1～图 21）。

本项目的成功之处在于，在低成本的情况下，既营造了特色的风格，又满足了居民日常生活的需求，将观赏性及功能性保持在一个较好的平衡状态。

图 5　溪谷中轴景观

图 6　园路特色节点

图 7　溪谷观赏平台

图 8　观景休憩平台

图 4　别墅庭院景观　　图 9　溪水景观区

图 10　镜面水景区

图 11　自然草坡景观区

二、项目解析

　　以人为本，创造具有活力的多元感悟空间。在植物群落的空间围合形态上，注重人在不同空间场所中的心理体验与感受变化——从林荫小径到树林广场，再到缓坡草地，形成疏密、明暗、动静对比；充分利用大自然的光影变化，创造出具有生命活力的多元感悟空间。

　　对原有地势进行仔细推敲，结合景观立面详细斟酌，将绿化空间地势营造为流畅的起伏状，既满足了排水要求，又增加了景深，丰富了空间的景观层次。

　　植物配置方面，在主入口区域选用大规格香樟树和小叶榄仁以列植的形式形成视觉冲击力，营造简约、大气的景观效果；在中心观景湖沿岸区域，以蒲桃、火焰木、鸡蛋花等小规格乔木，配以假连翘、毛杜鹃、

图 12　浅滩水景观赏区

图 13　溪谷景观节点

图 14　台阶空间景观 1

琴叶珊瑚、花叶良姜等灌木和地被植物，形成层次丰富的植物景观，体现自然之趣。

同时，以亲水平台、景观亭、花架、开放式草坪等舒适的邻里交流空间，引导人们走出室外，营造温馨舒适的生活氛围。

巧用意蕴丰富、富有特征的景观小品。园林小品是整个园林的点睛之笔，在小区的组团和空间的起承转合之处，均布置造型优美、丰富的小品和雕塑，强化浓浓的异域风情。

运用本土石材，低碳环保，既节省了成本开支，又与当地的自然景观相协调。

图 15　台阶空间景观 2

图 16 园路景观

种植土处理：在客土改良时，注重砂土与黏土的混合比例。土球处理方面，运用生根粉等促生根剂进行喷施，加大土球直径至 8 ~ 10 倍，使用网布复合网兜来保护土球。

植物种植处理：采用 ABT3 生根粉使常绿针叶树种及名贵难生根树种的生根加速，种植前用 20 ~ 100mg/kg 溶液将苗木根系喷湿、喷透，可促进根系发育，明显提高成活率，增加抗逆能力。

在种植苗木过程中，采用国光施它活，快速补充植物所需的高活性物质，使植物生长健壮、适应环境能力增强，可以有效提高苗木的成活率。

图 17 溪谷生态园区

图 18　邻湖观景台

图 19　跌级水景观

　　植物养护处理：树冠修剪时注重植株的透风性，并注意调整冠高比与冠心重，保证植物的正常生长。此外，采用镀锌圆管连体固定支撑架法替代传统的支撑方式，对大型苗木进行支撑以抵御台风危害，既有效地保护了植物，也提高了苗木的成活率。

图 20　宅间绿肺小道

单位名称：深圳市华美绿生态环境集团有限公司

通信地址：深圳市南山区桃源街道龙珠四路 2 号方大城 2 号楼 609-612

邮　　编：518055

电　　话：0755-82933883

传　　真：0755-82933885

图 21　别墅庭院组景

09

昆山亭林园改造提升工程一期 _{（亭林园园区改造）} A 标

江西绿巨人生态环境股份有限公司

黄烈坚　李东红

一、工程概述

　　亭林园位于江南水乡昆山城内西北隅。亭林园绿水青山，景物天成，四周曲水环绕，山川相映，素有"江东之山良秀绝"之誉。亭林园是以高雅静赏为主要形式的生态休闲文化综合体。建园历史悠久，地域文化深厚，历来为昆山旅游重要景区。2016 年，昆山市政府决定进行公园改造提升工程，旨在保护修缮亭林园，使其持续发挥"不可复制的昆山历史文化名园、昆山城区中央公园、城市绿色名片"的重要作用（图 1 ～图 21）。

图 1　亭园林入口景观

图 2　园区景观 1

图 3　园区景观 2

图 4　园区景观 3

亭林园改造提升工程以创新的设计理念进行空间布局，形成环山扩水，两黛远山轻未洗，一潭秋水浸成霞；中部显山，江南园林甲天下，二分春色在玉峰；东西融城，城墙遗址、休闲商业、城市博览的大格局。

公园依据历史记载和古马鞍山图恢复亭林四十八景。以玉峰山为整个亭林园的文化及景观核心，沿外围打造环山滨水景观带、环山园林景观带，形成东入口区、名人文化展示区、古城文化展示区、玉峰山林文化区、小西湖休闲活动区及江心岛文化区等六个片区。山阳所布建筑，均以史料为据，

图 5　园区景观 4

图 6　小西湖园区 1

图 7　小西湖园区 2

图 8　林园小品 1

图 9　林园小品 2

重现"山阳建筑星罗棋布、庭院深深，山阴流水潺潺，绿树夹道"之百年古园繁盛新貌。

亭林园对外沿马鞍山路打开视线，实现内外透景融绿、城景互融；对内显山扩水，水映山形，形成合理文化脉络，提升古园林品质，使之成为地域特色鲜明的江南园林精品。

二、项目解析

项目难点：园内原有古树名木较多，全部保留，需要采取科学合理的保护措施；因历史上的各种原因，亭林园的四十八景有部分景点不复存在，古建筑年久失修需加以修缮及扩建，以及水道驳岸建造等；地下管网复杂，尤其是水陆城墙地下管网交错纵横，给施工带来很大困难。

图 10　遂园

图 11 桐榭

图 12 连廊

此标工程包含大量的古建筑修缮、扩建、恢复重建项目。总面积 3236m²。如顾炎武纪念馆、昆曲馆、遂园和古城墙，遵循"修旧如旧"的原则，结合传统和现代技术进行古建筑修缮和扩建，使古建筑重新焕发出昔日的光彩。新建的仿古建筑与原有古建筑风格一致，毫无违和感。其他的仿古建筑如落星谭、篆竹居、翠屏轩、留云轩、夕秀轩、桐榭、花雨轩、笠亭、四角亭、照壁、六角亭、水榭、连廊、仿古公共厕所等，以及花街铺地、石材铺装、太湖石围边、湖石石峰、地雕、石材栏杆等，每一个细小角落无一不精工细作，展现了工匠的高超技艺，充分彰显了苏州

图 13 观景连廊

图 14　驳岸景观

图 15　古建筑

图 16　门窗雕花

图 17　古马鞍山图

图 18　荷花池景观桥

图 19　路景

图 20 古城墙景观

图 21 良渚文化玉器石雕

园林清雅精致、诗情画意的独特艺术风格。

　　植物的栽种和修剪在按照施工图的基础上，着眼于画意，根据植物的大小和形态现场进行配置，与古建筑、景石等搭配，掩映增色；树群构架，大小树俯仰生姿；片林、色块、地被栽植，错落有致，开合有度，充满自然之趣。

　　"三分栽，七分养"，植物的养护需精心备至才能确保成活率，达到绿化景观效果。养护过程中利用公司的一些实用新型专利进行养护操作，收到良好效果。如树木冬季涂白使用公司的技术专利——《一种便携式树木喷涂装置》《一种快速树木涂白推车》，便捷高效，整齐划一。草坪养护使用公司的技术专利——《一种园林高效可调节割草机》进行割草，修剪平整，减轻了劳动强度。

单位名称：江西绿巨人生态环境股份有限公司

通信地址：江西省吉安市吉州区兴桥镇吉福路 12 公里北侧

邮　　编：343000

电　　话：0796-8265061

传　　真：0796-8265061

10

苏杭之星一期景观绿化工程

浙江天姿园林建设有限公司

俞　倩　王凯峰

一、工程概述

　　苏杭之星一期景观绿化工程总面积为 41413m²。该项目营造了纯正的法式风情，充分展现了优雅、高贵和浪漫的气质（图 1 ～ 图 25）。

　　中轴水景区融合了水池、灯柱、喷泉、喷水雕塑，使水体动静结合、交相辉映，突出了庄重、大气、秩序感。弧形石材廊架的雕花和线条，制作工艺精细考究。天鹅湖恬静婉约，经栈桥绕湖而行，让人有远离喧嚣、找回宁静之感。广场铺装线条齐缝整齐、平面平整、图案清晰流畅，使不同色彩花岗岩相互映衬，体现时代感。

图 1　入口中轴线区域

图 2　健身场区域

图3 天鹅湖区域

图4 入口大花坛

图5 中轴花坛

植物以常绿阔叶树为主，并与落叶阔叶树相结合，体现出较为明显的季相变化。巧妙的植物配置营造了春天鲜花烂漫，夏天浓荫满地，秋天丹桂飘香、层林尽染，冬天绿意盎然、寒梅傲雪的景致，让小区呈现分明的季相景观。

图6 景观喷泉1

二、项目解析

1. 水景泛碱施工处理

本项目大量采用花岗岩铺贴。铺贴花岗岩的普通水泥砂浆因存在许多肉眼看不到的毛细管，很容易将水泥砂浆中的水、碱、盐等物质渗入花岗岩中，析出并形成"水印"，出现泛碱现象，随着时间的延长，"水印"逐渐变大，使花岗岩局部加深、光泽暗淡、板缝析出白色的结晶体，长年不褪，严重影响美观。

图7 景观喷泉2

图 8 入口喷泉

图 9 特色廊架 1

图 10 特色廊架 2

图 11　特色廊架 3

图 12　水中圆环

　　施工方与建设、设计、监理单位共同研究决定：花岗岩铺贴前在石材背面和侧面涂刷两遍防碱涂剂，该溶剂渗入石材堵塞毛细管，使水、Ca（OH）$_2$、盐等物质无法侵入，切断了泛碱的途径。经背涂处理的石材的粘结性并不受影响。铺贴完成后，花岗岩面层全面喷涂有机硅防水剂，防止花岗岩表面氧化，光泽暗淡。

2. 大面积花岗岩铺装施工

　　本项目有大面积花岗岩贴面施工，从土路基的开挖起，每一道工序都达到设计及各项规范要求，包括土路基夯实度、混凝土的厚度及浇筑工艺，避免了今后因局部区域下陷导致面层花岗岩碎裂而影响整体美观的可能性。

　　而大面积花岗岩铺装在保证施工工艺质量的前提下，整体的观感效果最为重要，在进场过程中，严把材质、色差关，做到石材材质达标，无色差。在整个花岗岩铺装过程中，在坚持"精准放样，精准施工"思想的指导下，最后铺装结果达到了预期的景观效果。

图 13　水中景亭

图 14　特色栈桥

图 15　沿湖景观 1　　　　　　　　　　　　　　　　图 16　沿湖景观 2

3. 技术创新

在本项目中共使用新技术 5 项，新材料 6 项。

4. 植物种植及养护

移栽设备：植物移栽过程中使用新型植物移栽设备，以减少移栽过程对植物造成的伤害。此设备于 2018 年获得了实用新型专利证书。

新型药剂：在植物种植过程中施工了"抽枝宝""植生基盘材"和"活力素"等绿化新材料来提升植物的成活率。

图 17　沿湖景观 3

图 18 景观小道 1

乔木支撑：该项目建设中，景观大乔木移植后即采用多功能热镀锌钢管高支撑，确保树木尽快定根、进入恢复生长；且此类支撑能反复利用，胸径抱箍可根据树木生长调节周长，从而更符合植物枝干生长变化；施工、养护更为便捷，节省了一定的劳动力成本。

灌溉系统：此系统可以按照各种植物的水分需求进行水量切换，不仅可以有效地避免水资源的浪费，同时可以使园林植物更好生长。此系统于 2018 年获得了实用新型专利证书。

5. 海绵城市建设

植草浅沟：在绿化带和侧石间使用了植草浅沟技术，其具有输水功能和一定的截污功能，良好地控制了地表径流，涵养了水源。

图 19 景观小道 2

图 20 景观小道 3

图 21　沿湖景观 4

图 22　组团绿化 1

图 23　组团绿化 2

透水混凝土：透水混凝土具有透水功能，能够把雨水渗入地下。不仅能够帮助城市排洪，解决城市内涝，透水路面雨天无积水，能蓄水及涵养地下水，还能给植物保留充足的水分。

雨水渗透：本项目建有一个大面积天鹅湖，湖岸线引入了雨水渗透净化技术，以土工布、黄石砌筑构成雨水渗透净化系统，本套系统提高了雨水的截流能力，减少了水土流失，并具有一定的水质净化作用，有利于促进土壤水循环、保持岸带生态。

陶瓷透水砖：本项目在各个园路上使用了陶瓷透水砖铺装（基础为透水混凝土），本次使用的陶瓷透水砖是以废陶瓷片等块状无机非金属材料为主要原料与水泥浆等搅拌，经压制成型、坯体干燥、高温烧成等工艺制成，其技术性能指标应符合《透水路面砖和透水路面板》（GB/T 25993—2010）标准要求。

该项目充分体现了法式园林景观的独特魅力，营造了"庄重、高雅、华美、浪漫"的法式景观，为人们提供了一种健康、和谐、时尚的生活方式，通过人与环境的互动，达到了提升人们精神品质和社区文化氛围的目的。

图 24　组团绿化 3

图 25　景观小品

单位名称：浙江天姿园林建设有限公司

通信地址：浙江省嘉兴市中环西路 1047 号友谊广场三层

邮　　编：314001

电　　话：0573-82061882

传　　真：0573-82057101

11

何园抢修工程

扬州意匠轩园林古建筑营造股份有限公司

王珍珍　马　旺

一、何园概况

何园，亦名寄啸山庄，位于扬州城东南部古运河风光带，东南段的徐凝门街66号（图1），于1988年被国务院授予第三批"全国重点文物保护单位"，为清湖北汉黄德道道台、江汉关监督何芷舠在明代双槐园基础上修建而成的私家住宅园林。"何园"取名于主人姓氏，"寄啸山庄"取意于陶渊明《归去来辞》中"倚南窗以寄傲""登东皋以舒啸"句意，寓意园主归隐心态。

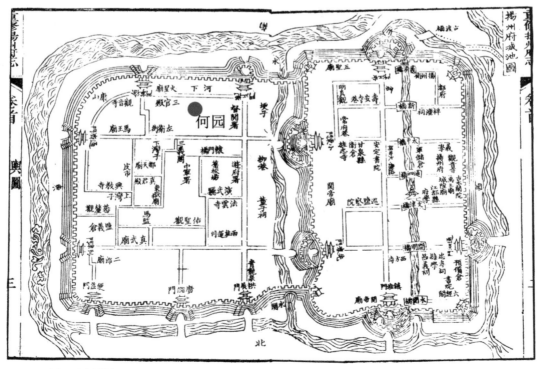

图1　清扬州府城池图

何园是一个宅园一体、居游合一的大型私家园林，占地面积14000多平方米，建筑总面积7000多平方米，建筑部分占全园面积的50%，但园林整体疏密度优良，人置身园中，不但没有拥挤感，反觉得处处收放有度，疏密有致，小中见大，层次分明，匠心独运（图2）。何园正门原开在花园巷的南门，现主要入口的东门是园林对外开放时兴建的。从北侧刁家巷入内，为花园大门，迎面北向砖雕门楼，月洞门上镌刻的"寄啸山庄"门额，是当年园主人亲自题写的园名。

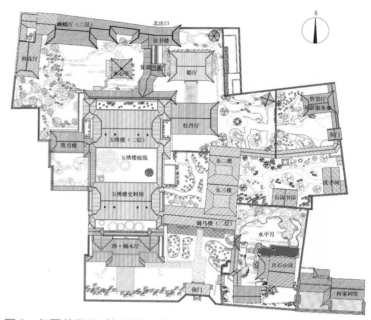

图2　何园总平面（何园管理处提供）

何园在建筑布局上由园居、大花园和小花园三大部分组成。其中大花园又分为东、西两园，小花园是自成一格的片石山房，园居是以玉绣楼为核心的主人起居空间。这几大部分独立成景，环环相扣，内外有别，中西合璧，功能分明，居游两宜，着力营造出一个完善妥帖的理想人居环境（图3）。中国私家园林的建筑审美和居游功能在这里得到了极致发挥。长期以来，我国现、当代一批古建园林专家，如童寯、刘敦桢、潘谷西、罗哲文、陈从周等，都对何园独特的造园手法赞誉有加，赞之为"江南园林中的孤例"，罗哲文先生题字为"晚清第一园"。

图3　何园水心亭

二、历次修缮情况

1980—1981 年，何园进行过一次全面整修。

1986 年，桂花厅进行过一次整修。

1989 年，片石山房复修，门楣上的"片石山房"系移用石涛的墨迹。

2012—2013 年，片石山房维修。

2014—2015 年，何园经过一次完整性研究。

2012—2016 年，进行了何园保护规划的编制。

2015—2016 年，进行了何园玉秀楼抢修修缮工程。

三、本次修缮范围

本次修缮工程是继二十世纪八十年代初大修后的又一次大规模修缮工程，被国家文物局列为抢救性修缮项目。本次修缮性质属于不落架抢修工程，以及环境整治项目。依照《古建筑木结构维护与加固技术规范》（GB 50165—92）古建筑可靠性鉴定标准，主要建筑基本为Ⅳ类建筑，承重结构的局部或者整体已处于危险状态，随时可能发生意外事故，必须立即抢救修缮措施。

何园修缮工程范围包括：何园院落环境及玉绣楼；玉绣楼及周边排水；东二三楼、片石山房假山墙加固；赏月楼木柱修缮；骑马楼桂花厅抢修修缮；读书楼、复道回廊修缮（图4、图5）。

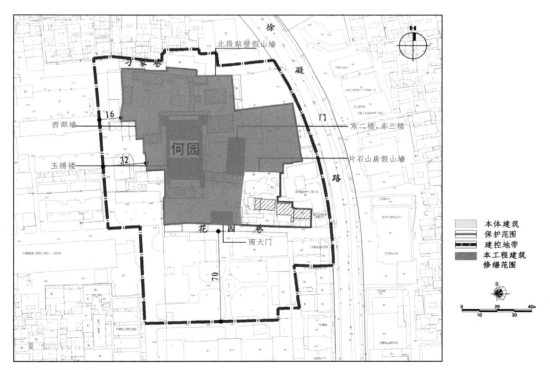

图 4　何园修缮范围图

图 5　何园剖面图（引自陈从周著《扬州园林》）

四、严谨的维修设计

1. 设计指导思想

（1）必须遵守"不改变文物原状"的修缮原则，不改变任何有历史意义的遗存。

（2）必须遵守"最小干预"的修缮原则，尽可能多地保留原构件。对构件的更换必须掌握在最小的限度。凡是能加固使用的原构件，均应预以保存；确实无法使用但具备较高的历史与艺术价值的构件应预以拆除后妥善保护。

（3）必须保护文物环境，与之相关联的自然和人文景观构成的何园整体环境，应当进行整体统一保护，必须清除影响安全和破坏景观的不利因素，加强监督管理。

2. 古建筑修缮设计原则

何园内建、构筑物大部分保存较好，随着时间的推移，部分建、构筑物发生变化，带来不安全因素，部分建筑由于种种原因，出现安全隐患，急需抢修修缮。通过对现状的查勘，分别详细记录各建筑物的大木构架、屋顶、墙体、小木构架（木装修）、地面及油饰部分存在不同程度的险情和残损，修缮设计方案根据各建、构筑物的现状，制定相应的修缮方法，以达到不改变文物原状，恢复原有的面貌。

3. 景观空间修复的原则

设计时在国家文物保护的相关法律法规的指导下，结合 1982 年 12 月 15 日古迹遗址理事会（ICOMOS）作为《威尼斯宪章》附件的历史园林保护的专业文件的精神，把握如下原则：

（1）作为活的古迹，应保持历史园林的原真性。

（2）对历史园林不断进行保护，由于扬州园林的植物多数具有象征意境，因而在保持原有品种的平面布局不变的情况下，保持各个部分的造景格式和尺度，特别是近几年的栽植进行了必要的更换和调整，保持原真的景观特征。

（3）对生长比较奇特和寿命长久的名树古木需逐一排查，标注名录，加以保护。

（4）合理使用历史园林，必须将其保存在适当的环境中，任何危及生态平衡的自然环境变化必须调整，进行给水排水系统的设计（图 6、图 7）。

图6　景观施工　　　　　　　　　　　　　　图7　排水系统施工

五、工程的重点及难点

本工程主要难点在于要求在修缮过程中，继续保持对游人开放，以及不落架修缮，存在局部隐蔽及相关部件尚未彻底看清楚，需要对结构隐患进行全面的复勘等技术难点，而且在屋面卸荷时需要对大木构架牮正，对木构件尽量保留原构架，局部腐朽部位采用局部更换和铁件加固等创新手段，保证了"不改变文物原状"的要求，在环境整治上深入研究景观的原创性，取得良好的效果，实现"保护第一、抢救为主"的新时代文物保护原则。

局部房屋墙体开裂修复：主要以雨水造成不均匀下降所致，因此先采取了排水集中后，再修补墙体，同时也注意了整个房屋墙体与木构件的整体性，对在前者修缮中的错误做法，进行了构造连接的纠正，保证了整体结构的安全。

例如：整个施工中最为引人关注的是"片石山房"假山围墙的加固。"片石山房"相传为明末清初著名画家石涛建造，为扬州现存年代最早的假山，陈从周称之为石涛叠石的"人间孤本"。近年来"片石山房"的假山围墙发生了变形、倾斜变化，一旦倒塌，后面的叠石假山文物将会损坏，所以必须要对围墙进行加固。施工中保持不损伤原有墙面，采取现代钢构支撑加固措施维护，因钢架上部外露，与周围景观不协调，采用湖石堆砌假山的方法进行美化包裹。这样既起到了支撑保护围墙作用，又保证了外观美观协调，与周边景致相一致（图8～图11）。

玉绣楼的半地下室内在雨季积水，长期处于潮湿的环境中，导致木地板楞均已出现严重的糟朽、腐烂，部分已不能承受荷载。针对这一特殊情况，对木地板进行大修的同时（图12～图14），必须解决排水的问题。施工时设置了三处提升井，并设置三级提升系统，只要雨水超过警戒线，立刻进行强排，逐级排水。同时，提升井具备蓄水功能，可用于景区内绿化浇灌和消防水源补充。

木构架的修缮：对整个木构架进行了全面检查，针对局部梁柱连接有脱榫的情况，采取归原，用金属加固；针对柱子糟朽及虫蛀的局部情况，根据《古建筑木结构维护与加固技术规范》进行墩接，拼绑及更换，并注意了材质和含水率。例如：复道回廊也是何园的著名景点之一，

图 8 假山围墙原貌

图 9 假山围墙竣工后

图 10 假山基础施工

图 11 假山施工

图 12 地板安装

图 13 木构件拆除、更换、安装

图 14 屋脊叠砌

由于每天客流量较多，原有的木柱难以承载，很多木柱已经开裂，但又不能更换更粗的木柱，以避免改变了文物原状。针对木柱的难题，施工中遵循"一布五灰"的工艺，在做油漆环节在柱子上包裹一层麻布，保证施工工序，提高了原创构件的抗压能力（图15、图16）。

图15　裹布

图16　刷漆

六、结束语

　　寄啸山庄抢修工程是继二十世纪八十年代初大修后的又一次大规模的抢修，得到了国家文物局的拨款帮助。修缮时严格控制新材料的运用，施工工艺均采用了古法。而抢修过程中，虽然未能落架大修，但采用相应的技术手段，立足于彻底排除建筑内在各类残损风险与结构隐患，对以往修缮带来的结构构造的损坏进行了纠正，保证了文物建筑的整体性和结构安全。在院落空间环境上，忠实地保存与传承了扬州晚清园林的特色（图17～图24）。

图17　竣工后效果图1

图18　竣工后效果图2

图 19　竣工后效果图 3

图 20　竣工后效果图 4

图 21　竣工后效果图 5

图 22　竣工后效果图 6

图 23　竣工后效果图 7

图 24　竣工后效果图 8

单位名称：扬州意匠轩园林古建筑营造股份有限公司
通信地址：扬州市文昌中路 18 号文昌国际大厦四楼
邮　　编：225003
电　　话：0514-85559000
传　　真：0514-85559912

12

东营市城乡道路完善工程南二路（天目山路至西四路）综合改造工程施工（第七标段）

淄博奥景园艺有限公司

田立刚　蒲小铭

一、工程概述

近年来，东营区委、区政府高度重视"三产"服务业，特别是旅游业发展，紧紧围绕该区旅游资源优势，按照"一带一区六大板块"的发展格局，采取一系列扎实有效的措施，加快旅游景区建设。"一带一区六大板块"中的"一带"，即南二路生态文化旅游黄金带。

图1　绿带草坪景观

图2　文化小广场

图 3　节点一角

图 4　景观廊架

本项目主要包括南二路南侧开挖排水渠、土质改良排碱、人行道改造及两侧绿化改造补植等内容。其中，第七标段全长约 1km，实际绿化面积约 3 万平方米（图 1 ～图 21）。

东营市地处黄河入海口，海拔相对较低，并且地势平坦，雨水和黄河水把海拔较高地方的盐碱淤积到东营，因此，东营土壤盐碱成分的含量较高。据统计，土壤盐渍化面积达到 356566hm^2，占东营市土地面积的 72.46%，而南二路正处于盐碱地带，其土壤不经重大改造难以为种植业利用，因此，进行城市绿化相当困难。

图 5　林荫步行道景观 1

图 6　绿带景点 1

图 7　绿带景点 2

图 8　揽翠湖公园节点

图 9　林荫步行道景观 2

二、项目解析

盐碱地的主要特点是含有较多的水溶性盐和碱性物质，盐碱地由于土壤内大量盐分的积累，引起一系列土壤物理性状的恶化。在施工的过程中积极吸收东营市本地企业的经验，采用了物理改良、化学改良、生物改良、利用本地盐生植物改良等办法，利用排盐、隔盐、防盐、增加土壤有机制等原则进行土壤改良。

图 10　景石、地被景观

图 11　节点景石

图 12　地被景观

图 13　绿化带景观

首先，利用康地宝等土壤改良剂。一方面，有机生化高分子结合土壤中的成盐离子，随灌溉水将盐分带到土壤渗出，降碱脱盐，迅速解除盐分对植物的有害作用；另一方面，此类改良剂可调节土壤理化性状，改善土壤团粒结构，提高土壤通透性，保证植物在盐碱地上正常出苗，促进生长；同时，提高植物抗逆能力，增强园林植物的生命活力和色彩鲜艳度。

其次，利用本地盐生植物改良土壤，如吸盐植物、泌盐植物和真盐生植物，通过以上盐生植物的长期种植达到改良土壤的目的。利用本地盐生植物改良土壤的方法是最具有生态效益、经济效益的改良方法，它既节约资金又充分挖掘本地资源，收到良好的改良效果。

值得一提的是，为了防止盐碱回渗，同时确保多年后依然不影响绿植的生长，施工中采用了双螺纹透水排碱技术。双螺纹透水排碱技术的重点就是盐碱管道的铺设方式。纵向每隔 10m 安装一根排碱管，横向每隔 10m 安装一根排碱管，横向纵向的排碱管是相同的。排碱管铺设在 30cm 厚的石子中间，采用 0.5 ～ 1cm 厚的石子作为透水层，不仅方便碱水排出，也防止泥沙阻塞排碱管的透水孔。石子上面铺设无纺布，防止泥土下流阻塞透水孔，最后覆盖厚 1.5m 左右的土壤。

图 14　绿篱景观带

图 15　林荫步行道入口

图 16　行道树景观 1

图 17　行道树景观 2

图 18　行道树景观 3

图 19　慢行道旁绿篱、草坪景观

图 20　模纹景观

图 21　路口节点景观

单位名称：淄博奥景园艺有限公司

通信地址：山东省淄博市高新区中润大道 50 号三楼奥景园林

邮　　编：255000

电　　话：0533-3117258

传　　真：0533-3117258

13

环东湖绿道一期景观工程第二标段

武汉农尚环境股份有限公司

蔡栋捷　华鹏飞

一、工程概述

　　著名的环东湖绿道定位为世界水平的环湖绿道，旨在实现"漫步湖边，畅游湖中，走进森林，登上山顶"的建设目标，满足群众"走、跑、骑、游"等多样化的绿道功能需求。

　　武汉农尚的承建范围为湖山道区域一线，全长约4.2km，其中，绿化面积约107500万平方米，园林建筑面积约计23850m^2（图1～图22）。

二、项目解析

1. 驳岸风浪防护景石

为防止风浪对栈桥的冲刷，本标段项目施工中的防风浪抛石主要分布在风光堤和菱角湖

图1　绿道一期鸟瞰图

图 2　远看湖边走廊带

图 3　俯瞰一棵树

图 4　全景广场

图5 梅园正门

图6 梅园广场

图7 梅园西门

图8 梅园西驿站建筑

新修栈桥外 5m 范围内，长度约 1200m。礁石主要分布在枫多山北侧，结合礁石现状以及枫多山景观方案，打造礁石滩的景观效果。

2. 拼石

若所选景石不够高大或在石形的某一局部有重大缺陷时，需使用几块同种的景石进行拼合。如果只是高度不够，可按高差选用合适的石材，拼合到大石的底部，使大石增高。如果是由几块山石拼合成一块大石，则要严格选石，尽量选接口处形状比较吻合的石材，并且在拼合中特别注意接缝严密和掩饰缝口，使拼合体完全成为一个整体。

3. 驿站建筑

二标段涉及的驿站建筑共四个，分别为枫多山西驿站、枫多山驿站、梅园西驿站、碧波宾馆驿站。其中枫多山西驿站、枫多山驿站为独立基础（不需打桩），梅园西驿站、碧波宾馆驿站基础需打桩。驿站标高在正负零以上部分全为钢筋混凝土框架结构。外装饰有毛石墙、瓦片、防腐木等施工内容。

三、技术创新

1. 陶瓷颗粒路面铺装

风光堤栈桥采用了宝蓝色陶瓷颗粒铺装，宝蓝色新型材料铺筑而成的栈桥小路，简洁、辽阔，刚柔并济，庄重与灵动尽显。

2. 虎皮石颗粒墙面铺装

枫多山驿站外墙，大面积地采用了虎皮石颗粒墙面铺装。颗粒材质的堆砌透出丝丝现代气息，斑驳的肌理彰显厚重的历史感，与纪念堂的遥相呼应又营造了浓浓的人文情怀。

3. 陶瓷透水砖

陶瓷透水砖强度高、透水性好、抗冻融性能好、防滑性能好且具有良好的生态环保性能，可改善城市微气候、阻滞城市洪水的形成。该标段内工程，大量运用陶瓷透水砖，新型又环保。

4. 彩色沥青

配合绿道年轻、运动的特点，应和东湖清新、秀丽的风格，该标段利用彩色沥青材料进行路面面层铺装。红色的沥青路面靓丽、动感，同时保证了行人及非机动车的通行舒适性。

5. 全景广场特选景石

全景广场滨水造景优选特色景石，通过精心设计后，在专家的指导下有讲究地放置。夕阳余晖下，几组景石错落搭配、顾盼生姿。

6. 全景广场滨水台阶

全景广场滨水台阶的特色在于：保留原有大树并巧妙处理大树高差，进行木质坐凳安置。如此既保留了原始风貌又创造出新的景致。

图 9　枫多山驿站建筑

图 10　碧浪凌轩驿站建筑

图 11　驳岸风浪防护景石带

图 12　湖边景石花卉配置

图 13 全景广场滨水台阶　　　　图 14 滨水景观带

环东湖绿道一期景观工程第二标段在科技成果应用方面共采用了外来专利技术 4 项、自有专利 13 项。

7. 滨水区域生态修复技术

湖滨带雨污水大多不经处理直接汇入水体，对水体造成了直接的污染。东湖绿道滨水区域生态修复采用了自有技术"一种滨水带水体净化系统"（农尚环境自有专利，专利号：ZL201720186501.2），避免了污染物直接排入水体并延展空间，辅助增设游憩步道、观景平台等亲水空间，丰富景观形式。

8. 海绵城市实施技术

线性海绵实施技术包括生态驳岸构建技术和人行道铺装蓄排水技术。

（1）生态驳岸构建技术

为了改变混凝土驳岸对城市河道生态环境的破坏，增强绿道的海绵效应，东湖绿道改造传统驳岸，还原生态型驳岸，达到了减少坡面径流的冲刷、植被含蓄净化水源的目的。

（2）人行道铺装蓄排水技术

人行道硬质铺装采用透水垫层、透水表层砖的方法进行渗透式铺装设计，以减少地表径流量，防止地面积水。铺装区域土层下方设置储水模块系统，储存下渗雨水用作绿化灌溉。透水铺装层底部设置渗排一体管，收集多余下渗雨水集中做生态净化处理再排入湖泊。

节点海绵实施技术包括下沉式绿地构建技术和生态型植草沟构建技术。

图 15 乡土花草及乔灌木　　　　图 16 雨水花园

图 17　茵茵草地

图 18　木质亲水平台

（1）下沉式绿地构建技术

下沉式绿地为兼顾雨水收集和再利用功能，在绿地中设计有溢流口、排水管道等排水设施，当路面径流较大，储水能力不足时，雨水可通过高出绿化带高程低于路面高程的溢流口进入地下排水系统。

（2）生态型植草沟构建技术

应用专利技术"一种适用于植被浅沟等海绵城市基础设施的土壤改良装置"（农尚环境自有专利，专利号：ZL201720186499.9），利用植物的生长、植物根系的吸附和土壤、滤料的净化作用，得到更好的出水水质。同时，利用生态植草沟良好的渗透性能，可有效延缓和消减暴雨洪峰，保障排水安全。

9. 基于城市绿道的生态节约型园林技术

节约型园林技术涵盖节土、节水、节能、节材、节力等几个方面。东湖绿道中使用的相关专有技术包括："大树移植的快速补充养分和水分的装置"（农尚环境自有专利，专利号：ZL201220409236.7）、"一种利用零碎板状石材进行铺装的模块单元"（农尚环境自有专利，专利号：ZL201420793627.2）、"一种提高碎拼石材加工及施工的装置"（农尚环境自有专利，专利号：ZL201420555715.9）及"一种耐践踏的层状结构草皮"（农尚环境自有专利，专利号：ZL201520936036.0）。

图 19　古风凉亭

图 20　彩色沥青小道

10. 高地下水位滨水区园林植物栽植与养护技术

东湖绿道全线滨水，地下水位较高，局部积水排水困难易导致苗木长势不良甚至死亡。针对现有技术不足，该工程的园林植物的栽植与养护中融合使用了包括"一种用于土壤改良的排水装置"（农尚环境自有专利，专利号：ZL201220409189.6）等 7 项专有技术（其余见后附备注），确保了苗木成活率和最终的成景效果。

其余 6 项分别为：

① "一种用于移植大树的根部的冬季保温装置"（农尚环境自有专利，专利号：ZL201220429389.8）。

② "一种用于在水泥或沥青的大面积铺装地面下的树盘通气的装置"（农尚环境自有专利，专利号：ZL201220430250.5）。

③ "一种用于树木运输的升降架"（农尚环境自有专利，专利号：ZL201420793723.7）。

④ "一种用于处理低势绿地地形高低差的装置"（农尚环境自有专利，专利号：ZL201520693359.1）。

⑤ "一种用于破损树皮快速恢复的装置"（农尚环境自有专利，专利号：ZL201420793626.8）。

⑥ "一种隐形井盖"（农尚环境自有专利，专利号：ZL201220409213.6）。

图 21　木栏小道

图 22　虎皮颗粒铺装景墙

　　东湖绿道自 2016 年 12 月 28 日正式开放以来，其日接待量高达 200 万人次。此刻，别致优美的绿化景观，与沿线风貌交相辉映，醇熟和谐，营造了自然情怀，更彰显着文化底蕴，真正创造了"千年之作、传世经典"。

　　东湖绿道一期已然成为都市人群休闲游玩之地，绿树与建筑交相辉映，人文与园林相映成趣。未来，东湖城市生态绿心的渗透作用将更加显著，带动周边杨春湖地区、东湖西岸文化传媒区、楚河汉街、高校区以及大东湖生态区等区域经济的快速发展。

单位名称：武汉农尚环境股份有限公司

通信地址：湖北省武汉市汉阳区归元寺路 18 附 8

邮　　编：430050

电　　话：027-84701170

传　　真：027-84454919

14

闽南文化生态走廊示范段项目

福建大农景观建设有限公司

方龙俊　庄钟阳

图1　闽南古厝石雕瓷柱

一、工程概述

　　本项目以体现闽南古厝建筑风格特色、绿道串联成线的发展内涵，重现漳潮古道的驿铺风貌，展示闽南山水写意景观与农耕乡土风景的区域特色。

图2　闽南古厝燕尾脊（正脊）

图 3　闽南古厝正脊祥瑞造型彩绘

图 4　闽南古厝池塘晚霞

图 5　闽南古厝浮雕工艺

图 6　闽南古厝贴金工艺

　　生态走廊整体项目建设内容包括：自行车绿道、各驿站功能分区内的绿化、沿途园林建筑设施、景观建筑、山体绿化、公共服务设施、园区内道路、休闲广场、停车场、过街设施以及市政配套设施等。

　　项目沿线绿化种植率高，沿途四季花开，令游人亲近自然，充分感受"久在樊笼里，复得返自然"的清新惬意。

二、项目解析

　　本项目以传统营造技艺打造生态走廊驿站，力求做到还原。六大驿站分别以漳州市各地传统民居为建筑原型，按1:1的比例，以"禅茶一味""诗书画意""驿邮故道""海丝商旅""漳

图 7　闽南古厝剪瓷雕（龙）

台同根""田园耕读"打造建设，充分挖掘漳州传统文化底蕴。不仅如此，还突破了国内绿道驿站只作为便民休憩点的单一功能，将驿站作为闽南地方文化如开漳圣王文化、台胞祖地文化等的展示推广窗口进行打造（图1～图23）。

　　黄梧宗祠的屋面装饰，悬山顶燕尾脊保留闽南传统建筑风格，中厅的脊饰龙吻和双龙抢珠剪瓷堆塑，是一般民间祠堂所罕见用的，而取登科甲之意的蟹状斗抱，在闽南地区的宗祠建筑中更是绝无仅有。

　　甘棠驿站南翼则仿照漳州宫保第和台湾宫保第的主体原型进行复原重构。木结构则采用抬梁和穿斗混合式，斗拱枋梁、狮座瓜筒等细部雕工细致，彩绘精美。而红砖精砌的墙面，透雕的木门扇和贴金的髹漆，尽显驿站的匠心独到，具有很高的艺术水准。驿站的宫保第深三进面阔五开间，一进和三进燕尾脊，二进马鞍脊，规壁灰雕、脊堵剪粘，体现了两岸相同的建筑内涵。

　　闽南园林多以民间私家园林为代表，宅园集中在府县城区，规模一般不大，以山石、水池、建筑及花木围合构建，以闹市山林的形式营造雅致幽深的居住氛围。

　　闽南文化生态走廊示范段驿站园林正是一脉相承了闽南园林平面布局简洁，以小空间近距离的观赏为主的特点。每个驿站园林皆掘池为景，再搭配体量小巧、形式各异的石桥，营造精巧的园林景观。

　　在驿站园林的建设中，融入"海绵城市建设"的理念，如每个园林都设置了湖景，既搭配种植睡莲，营造中式园林景观，又实现人工湖的蓄水功能，以湖带养。

图8　闽南古厝剪瓷雕（龙珠）

图9　闽南古厝石雕

图10　闽南古厝泥塑传统山花图案彩绘

图 11 闽南古厝燕尾脊

图 12 闽南古厝透雕构件贴金

图 13 闽南古厝燕尾脊泥塑彩绘

图 14 闽南古厝花板双面镂空精雕

此外，针对目前景观道路透水砖路面容易开裂，混凝土道路本身不具备排水功能等问题，大农景观公司研制开发新型技术——生态胶筑透水地坪。2018年9月，该公司研发的"生态胶筑透水地坪及其制备方法"获国家知识产权局发明专利证书。

该项发明涉及一种生态胶筑透水地坪，克服了现有透水地坪牢固度不好、工艺复杂、成本高、不环保而且色彩的牢固度也不佳的缺点，具有层与层间牢固度高、透水性好、色彩牢固度好且环保等优点。

图 15　闽南古厝彩绘工艺

图 16　闽南古厝透雕构件贴金

图 17　风雨廊桥

图 18　闽南古厝额枋浮起（漆线雕）彩绘

图 19 闽南古厝"私家园林"

图 20 闽南古剪瓷卷草

图 21 天桥—桥墩花柱

图 22 生态透水石地坪

单位名称：福建大农景观建设有限公司

通信地址：福建省漳州市芗城区南昌路华联商厦九楼

邮　　编：363000

电　　话：0596-2168181

传　　真：0596-2168080

图 23 驿站绿道

15

北京草桥花卉历史文化保护地景观提升工程

北京花乡花木集团有限公司

王佳欢　于运乐

一、工程概述

2017 年，"北京草桥花卉历史文化保护地景观提升工程"启动。结合区域花卉产业历史背景及当下园林技术创新和应用，围绕全村"一环、一带、一园、四街"的整体规划构架，从建设节约型园林理念出发，首次提出"生态花沟"理念，营建北京市首处"雨养"型地被植物群落，创新了集绿化、生态、艺术完美统一的立体绿化新模式，并将园林废弃物进行艺术加工，枯枝落叶成为艺术小品，再次回归到园林景观中，体现人与自然和谐共生的理念。

上述多种技术的创新，改变了原有露地草花应时应景的单一方式，打破了传统绿化技术在景观效果上的时效局限，实现了三季有花、四季赏景的繁荣景象，新理念、新科技的应用将草桥村打造成为创新园艺应用技艺的生态宜居、共建共享的园林社区新典范（图 1～图 18）。

图 1　草桥街区绿地景观 1

图2　草桥街区绿地景观2

二、项目解析

　　本项目首次提出"生态花沟"理念，既营造了区域优美景观，又实现了雨水的合理收集利用。生态花沟的植物搭配以既耐水湿又耐干旱的宿根地被为主体，打造既有雨水收集、传输、渗透及净化功能又无须人工养护的多年生沟带状花境。

图3　草桥街区绿地景观3

图 4　草桥街区绿地景观 4

图 5　草桥街区绿地景观 5

图 6　草桥街区绿地景观 6

图 7 草桥街区绿地景观（百花隐榭）

图 8 草桥街区绿地景观（古韵花香）

从生态功能上讲，生态花沟属于植草沟的一种。通过收集、汇聚一定范围内的降水，利用花沟的容积与渗透作用，在一定时间内将滞留于沟底的雨水渗透至地下，起到调蓄雨水和回补地下水的作用。同时还能通过沟内植物及附属物，以物理过滤和生物净化等方式起到净化雨水的作用；从视觉效果上讲，生态花沟属于拟自然多年生地被植物群落的一种。需充分考虑植物高低错落的空间布局、花期交错的季相变化、花叶的色彩与质感搭配以及园林景观小品配饰的融入，更要考虑其长久可持续性与后期低养护成本，甚至是零养护。

生态花沟的种植基质为园土中加入适当草炭土与粉煤灰拌和而成，同时对基质使用除草剂处理两遍，将基质内杂草种子根除。表层设置 8~10cm 厚砾石，起到覆盖基质表层，防止杂草种子侵入及保湿作用。

与英国谢菲尔德大学著名生态景观设计师、权威的生态植物群落专家 James 教授合作课题，营建了丰台地区首处"雨养"型多年生地被植物群落。选用自然多年生地被植物群落，这是一种持续性较强的植物群落组合。与 James 教授合作，经过近 3 年的种植试验，对 300 余个多年生地被品种引种试种研究，筛选出近 100 个植物品种，逐步推广应用于城市绿化生态建设中。

在资源的投入上，多年生地被植物群落一旦系统稳定以后无须人工灌溉，几乎完全可以"靠天吃饭"，也不需施肥及除草，可节约大量人力、物力，是建设节约型园林理念最好的践行实例。

图 9 社区绿地生态花沟

图 10 街区绿地生态花沟

图 11　公共绿地"雨养"型地被植物群落

　　在生态环保方面，多年生地被植物群落在北方地区种植后具有至少 10 至 15 年无须更换的持续性，通过不同特性的植物搭配，在一年的大部分时间里均能呈现出极具观赏性的景观效果，相比普通的时令性花境具备更高的生态价值。

　　引领立体绿化新模式，实现了绿化、生态、艺术的完美统一。随着城市化的不断发展，城市用地日益紧张，为了解决城市绿色空间需求与绿化用地缩减之间的矛盾，在有限的平面用地范围内追求更大限度的绿量。

　　除立体花坛外，本项目进一步创新立体绿化模式。首先，大胆尝试将景观绿墙与现有建筑设施融合，应用在商业店铺立面和公共卫生间外墙，不仅提升街道的"颜值"，起到净化、美化城市空间的作用，还增加了城市街道的生态环保性

图 12　草桥社区绿地"雨养"型地被植物群落景观

图 13　街区乡土植物应用

图 14　景观绿墙施工工艺

及趣味性；其次，考虑如何延长植物绿期以保证冬季景观效果，针对北方地区气候特点，研究筛选了 4 种北方可越冬的宿根植物应用到绿墙种植；再次，施工地处社区街道，景观绿墙创新模块化应用形式，便于组装绿墙及局部更换植物，提高施工效率。

首次对园林废弃物进行艺术加工，枯枝败叶成为艺术小品，再次回归到园林景观中，体现人与自然和谐共处的理念。项目大胆创新，首次提出将园林废弃物进行艺术再加工，通过设计师的创意及精湛的艺术造型手法，赋予枯枝败叶以新的艺术生命，出于园林，用于园林，完成了园林行业链条闭环之关键一步。

图 15　草桥公共建筑景观绿墙

图 16　商业区外立面景观绿墙

三、技术创新

1. 科技园林：专利成果应用

通过一种植物绿墙公共厕所（专利号：201820987335.0）、一种组合式绿墙（专利号：ZL2017 2 1081461.1）、一种可移动绿墙（专利号：ZL2017 2 1079386.5）三个专利成果应用于本项目景观绿墙的施工中，实现了景观绿墙的可移动及工程提前预制、现场组装，极大地降低了施工难度，减少了现场施工时间，得到了周边居民商家的一致好评。

2. 智慧园林：计算机软件著作权应用

通过花乡花木园林工程监理智能化信息管理系统（计算机软件著作权登记号：2017SR444105）在施工过程中的应用，有效地增加了施工过程中的风险防控和智能化施工分析，加强了项目全过程的监控。

通过花乡花木园林绿植保护远程监控管理系统（计算机软件著作权登记号：2017SR444092）在养护过程中的应用，在植物保护方面进行了科学预见与提前防控，有效地降低了病虫害爆发概率。

3. 新优植物应用（30 余种）

引种筛选新优植物应用：澳大利亚赝靛、费菜"灰色精灵"、山桃草"红色蝴蝶"、长圆叶褐毛紫菀、东俄洛紫菀"明星"、美国紫菀"九月如缤"、剑叶金鸡菊"鱼尾"、扁叶刺芹"蓝色穹顶"、扁叶刺芹"蓝色闪光"、葵叶赛菊芋"夏夜"、橘梗"马里埃西"、毛景天"金发姑娘"、假景天"绯红"、紫景天"帝王"、草本象牙红等。

4. 乡土植物应用（10 余种）

挖掘开发乡土植物应用：东北铁线莲、全缘叶铁线莲、披针叶决明、瞿麦、补血草、败酱、异叶败酱、夏枯草、地榆、芸香唐松草、偏翅唐松草等。

图 17 商业区景观绿墙

单位名称：北京花乡花木集团有限公司

通信地址：北京市丰台区草桥欣园四区 22 号

邮　　编：100067

电　　话：010-87582008

传　　真：010-87566112

图 18 枝叶废弃物加工艺术作品

16

东城区环二环城市绿道景观工程一标段

北京世纪经典园林绿化有限公司

黄　耀　李含笑

17

东城区环二环城市绿廊景观工程二标段

北京龙腾园林绿化工程公司

王广琦　李宝久

一、工程概述

东城区绿道总长 16.1km，总规划面积 39.4hm²，主要建设内容包括绿化加密、景观提升，慢行道路系统、游憩服务设施、标识系统和基础配套设施建设等（图 1～图 40）。

工程起点为北二环旧鼓楼桥，围绕北二环、东二环、东南二环、南二环，终点至永定门。二环作为北京城区整体构架中最内环结构，地理位置得天独厚，该工程以植物造景为主，通过对北护城河两岸绿地，东二环沿线绿地，东南二环、南二环护城河两岸绿地进行绿化提升，增加空间绿量，突出地域文化特色，打造景观亮点。

通过"增绿、驻足、连通、添彩"的形式，形成"水在花间绕，人在景中游"的城市慢行系统，实现沿岸绿地"可观、可达、可游、可驻"的目的，打造"一河、两带、十三景"的优美景观。

在北护城段的改造建设中，依据现有的护岸形态，突出"自然、生态、简约、亲水、人文"的设计理念，主要以丰富植物层次和物种多样性为主，打造自然野趣、闹中取静的滨水生态环境。同时结合北护城河沿线"钟鼓楼、安定门、雍和宫、地坛、东直门"等地域的文化特色，打造"晨歌暮影、古河花雨、梵宫映月、春场新颜"四个景观节点。

图1　错落有致

　　在东南护城河段建设中，由于周边居民楼较多，此段绿道偏重城市休闲功能，着重提升整体功能性和舒适性，形成了四个景观节点：古垣春秋、金台秋韵、龙潭鱼跃、左安品梅。

　　在南护城河段建设中，由于南护城河坡度较陡，设计利用这一地形挑空设置停留平台，并采用台地式种植增加绿量，形成了两个景观节点：临波问天、永定祥和。

图2　花坛垒砌

图3　荷叶连连

图 4　水映成趣 1

图 5　水映成趣 2

图 6　俯仰生姿

图 7　盛花添彩 1

图 8　盛花添彩 2

图 9　亭台有序

河道两旁栽植了国槐、栾树、龙柏、油松等十余品种，上百株乔木，还栽种了花石榴、珍珠梅、丁香、天目琼花等丰富多彩的小灌木以及大量的绿篱植物和各类花卉，突出了景观层次感。

二、项目解析

运用生态种植袋、混凝土折板等新技术解决河坡植物栽植问题，达到降坡增绿、丰富景观层次的目的。

图 10　闹中取静 1

图 11　闹中取静 2

图 12　闹中取静 3

图 13　亭阁半掩

　　河坡种植条件差，河道绿地利用率低，此次设计主要设计理念与改造方式分为三点：一是改变护坡形式，解决河坡高差，达到降坡增绿的效果，通过设置混凝土折板花台挡墙，创造种植条件，增加城市绿量。二是新置绿化和固坡、护坡兼顾的新材料、新工艺，如生态种植袋、金属石笼等，通过多种方法，提升护坡景观效果；通过多种植物配置，丰富绿廊景观层次，增加多个景观节点，突出河岸效果，增加大乔，丰富植物层次和物种多样性。三是调整长势较弱的老化树种。

图 14　月夜流芳 1

图 15　月夜流芳 2

图 16　月夜流芳 3

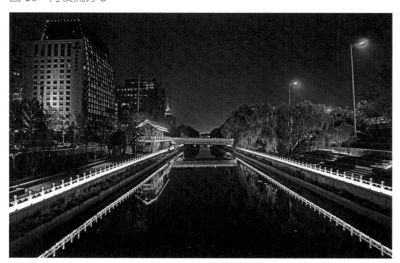

图 17　月夜流芳 4

图 18　月夜流芳 5

图 19   月夜流芳 6

土建施工除了基础的园路铺装、挡墙贴面压顶外，还增加了特色树池、钢梯、廊架、特色木平台以及服务驿站、古建驿站、观景平台、仿古砖墙、水景、座椅等重要节点景观，突出整个河岸效果。

大量运用景石、悬挑结构的亲水平台，打造文化休闲平台。在此项目中，因为是濒水绿地，所以使用景观置石的量比较大，主要分两种手法——集中堆叠和散点布置。

在这个线形绿地中，存在大量的线形交通路线，全部用一般护坡处理方式来处理高差的问题，会显得景观单调而且造价十分高昂，悬挑路和悬挑平台的穿插使用巧妙地解决了这个问题。

三、技术创新

1. 生态种植袋挡墙

此次河坡绿化放弃了原有一成不变的土质护坡绿化，采用新型"生态种植袋挡土墙"以及混凝土折板的方式建立护坡绿化。生态袋垒砌绿色景观是一种使用聚丙烯无纺布做成的生态袋充填草炭土，形成结构块体，块体之间使用带有锥钉的连接扣连接成一个整体，最后套上石笼网。

图 20　水伴星夜

图 21　古垣春秋

图 22　古垣春秋夜景

图 23 金台秋韵

图 24 金台秋韵夜景

图 25 临波问天

图 26 龙潭鱼跃

图 27　龙潭鱼跃夜景

挡土墙建成以后，由于这种材料具有对植物根系友好的特点，植物种子可以从袋子里面长出来，袋子外面的种子也可以向袋内扎根，透水不透土，形成丰富的植物群落，不仅美化河岸，还能防止水土流失，控制污染物流入河湖。除此之外，生态袋挡墙外还扦插种植了多种宿根花卉，如佛甲草、三七景天等，进一步提升了整体景观效果。

2. 混凝土折板花台挡墙

由多块不同形状的预制混凝土板相互拼接，搭建成一个个相连的种植池，整体呈梯田状，池中栽种了多种灌木，此方法不仅解决了护坡坡度陡而难以种植苗木的问题，还提升了河岸园林景观。

图 28　永定祥和 1

图 29　永定祥和 2

图 30　左安品梅

3. 植物种类丰富

栽植树木主要以乡土树种作为骨干树种，同时适当引进彩色叶树种 20 多种，主要有银红槭、竹节复叶槭、美国海棠等共计栽植 1500 株，营造了优美的景观效果和丰富的植物层次。

建成后的环二环城市绿道景观工程，在首都内城区宝贵的滨水绿地内创造条件增大绿量、增厚绿带，为城市增绿添彩，极大地改善了城区生态环境；同时整合景观资源、统筹规划，最大限度地提升城市公共绿地功能性，构建了品质优良的城市绿地体系；还构建了环二环慢行系统，倡导居民绿色出行，慢行回归生活，提升了百姓生活的宜居水平。

图 31　龙潭鱼跃驿站

北京世纪经典园林绿化有限公司　　　　北京龙腾园林绿化工程公司

图 32　平台

图 33　混凝土折板

图 34　夜景 1

图 35　夜景 2

图 36　彩叶生态墙 1

图 37　彩叶生态墙 2

图 38　混凝土折板夜景

图 39　生态袋挡墙

图 40　塑木平台

注：图 1 ～图 20 由北京世纪经典园林绿化有限公司提供，图 21 ～图 40 由北京龙腾园林绿化工程公司提供。

单位名称：北京世纪经典园林绿化有限公司
通信地址：北京市东城区黄寺大街 6 号
邮　　编：100011
电　　话：010-84112392

单位名称：北京龙腾园林绿化工程公司
通信地址：北京市东城区龙潭路 8 号
邮　　编：100061
电　　话：010-67158503

18

大亚湾红树林城市湿地公园第二阶段一标段工程

广东美景环境科技有限公司

李水雄　叶光明

一、工程概述

　　大亚湾红树林城市湿地公园位于广东省惠州大亚湾经济技术开发区淡澳河出海口的城区中心段，属于城市中心且非直接临海的红树林湿地公园。红线范围内总湿地面积 79.35hm²，主要包括红树林、河口水域、运河输水河、农用池塘及城市人工景观水面等三级湿地类型，类型较为丰富。湿地生物多样性较高，兼具了陆地和海洋双重生态特性，使它成为复杂而多样的生态系统。

　　本项目建设原则是在保护红树林湿地资源基础上，突出大亚湾红树林湿地优势及特色，对于公园内部设施实行保护性建设，毁坏部分按原状重建恢复，注重湿地的整体修复，重点保护湿地公园中生态系统稳定，完善公园内的旅游设施，制定有效的管理模式。最终形成了以红树林生态修复为主线的全要素湿地生态恢复建设，是基于市民活动需求的城市公园景观建设。

　　本项目坚持在生态修复和资源保护的基础上，构建分区科学、布局合理、功能优化、生物多样性丰富的城市红树林湿地生态系统。打造具有岭南典型湿地特点，以河口红树林湿地为景观特色，以生态保护、科普教育、休闲游览为主要功能的城市湿地公园。保护湿地生物多样性、

图 1　沙田揽胜图

图 2　英石假山图

图 3 水漫菱洲图

湿地生态系统连贯性、湿地的周边环境连续性、湿地环境完整性，保持湿地资源稳定性。项目范围全长约 3.9km，该段河道沿河湿地之间最窄处约 155m，最宽处约 330m，湿地公园规划总用地面积 111.2 万平方米。本项目实施的第二阶段一标段工程用地面积 94.4 万平方米。工程主要内容包括水体整治、驳岸新建和改造、景观桥、公园配套设施、园路及铺装、绿化改造、公用工程、红树林修复等（图 1 ～图 20）。

二、项目解析

本项目建设主要包括以下内容：

图 4 科普展览馆

图 5 观鸟景亭图

图6 翡翠绿心图

1.遵循生态系统保护原则建设

保护湿地生物多样性、湿地生态系统连贯性、湿地与周边自然环境连续性、湿地环境完整性，保持湿地资源稳定性。

公园建成不仅能为物种多样性恢复创造良好条件，也成为我国典型的生态修复型、功能复合型城市湿地公园。本项目打造"一心、两翼、十景"旅游空间格局。"一心"：中心湿地，为公园核心区域。"两翼"：城市活力翼——中兴中路以西，充分展示地方文化特色，满足城市居民的日常休闲、活动；湿地生态翼——中兴中路以东，利用现有基础条件，充分展示优美的红树林生态湿地环境。"十景"：虎山远眺、龙湾望峰、兰舟轻渡、红林野趣、翡翠绿心、沙田揽胜、滩林鸣禽、水漫菱洲、长堤栖鹭、芦荻飞雪。本项目根据风景资源的属性、特征及场所功能进行设计，将大亚湾红树林城市湿地公园划分为重点保护区、湿地展示区、游览活动区和管理服务区。这四个区域中，不同的空间体验与文化内涵能给游客带来不同的体验与感受。

2.遵循资源合理利用的原则建设

在充分保护的基础上，结合湿地生态系统承载能力，构建海绵城市，实现削峰滞洪、净化水质的目的。

淡澳河为区域分洪河，未治理前经常遭受洪涝灾害。本项目从区域统筹角度建设，城市湿地公园外围范围优先利用透水铺装、生态草沟、雨水花园、下沉式绿地等"绿色"措施来组织

图7 卧虎台图

图8 翡翠绿心

图 9　长廊步道图　　　　　　　　　　　　　图 10　红林野趣图

排水，雨水通过这些"海绵体"下渗、滞蓄、净化、回用，最后剩余部分径流通过管网外排，从而缓减城市内涝的压力。同时，修复滨河滩涂湿地，恢复现有鱼塘的湿地功能，充分发挥红树林湿地对雨水的吸纳、蓄渗和缓释作用，缓解城市内涝，净化水质，削减城市径流污染负荷。

3. 遵循湿地环境协调建设原则建设

　　我国现有红树林湿地多位于远离城市中心的沿海岸线，而大亚湾红树林城市湿地公园则位于城市中心区，这在世界范围内都是少有的。这里现有全国保存最好的海漆群落——该种是我国唯一一种能形成彩叶景观的红树植物。潮间带区域的海漆与南方碱蓬组成了层次丰富、生态效益高的彩叶群落，具有独特的季相特征。为使公园的整体风貌与湿地特征相协调，体现自然野趣与地域特征，公园建设优先采用有利于保护湿地环境的生态化材料和工艺，在植物配置上，为避免形成过度园林化的景观，以保护场地原有自然生境为前提，遵循群落自然演替原则，采用南亚热带性湿地植物为主、常规园林植物为辅的办法。其中主要红树品种有：常水位以下种植秋茄、木榄、桐花树、老鼠簕、海漆、卤蕨、榄李等；常水位以上种植草海桐、水黄皮、银叶树等。其中海漆群落以及乡土彩叶植物可以作为典型的群落种植模式加以推广，指导今后大亚湾红树林湿地公园，乃至广东地区的红树林生态修复建设。最终构建了一个以红树植物为主要景观的红树林湿地公园，不仅为红树林湿地生态系统的动植物提供觅食、繁衍的场所，同时也为候鸟越冬、迁徙提供中转站。

图 11　悠闲步道图　　　　　　　　　　　　　图 12　沙田绿道

图 13　龙湾望峰图

图 14　连廊小憩图

三、技术创新

　　本项目在构建海绵城市，削峰滞洪，净化水质，完善区域水生态安全格局基础上，修复岸线，恢复生态环境，创造自然繁衍的红树林栖息地，完善区域生态核心，加强周边生态廊道的联系，营造生动的城市景观。

1. 海绵城市建设

　　项目实施海绵城市建设遵循生态优先原则，将自然途径与人工措施相结合，在确保城市排水防涝安全的前提下，最大限度地实现雨水在城市区域的积存、渗透和净化，促进雨水资源的利用和生态环境保护。

　　海绵城市——渗：避免地表径流，减少从水泥地面、路面汇集到管网里，同时，涵养地下水，补充地下水的不足，还能通过土壤净化水质，改善城市微气候。改变各种路面、地面铺装材料，改造屋顶绿化，调整绿地竖向构造，从源头将雨水留下来然后"渗"下去。

　　海绵城市——蓄：尊重自然的地形地貌，使降雨得到自然散落，采用塑料模块、地下蓄水池，把降雨蓄起来，以达到调蓄和错峰目的。

图 15　兰舟轻渡图

图 16　林间风貌

海绵城市——滞：通过微地形调节，让雨水慢慢地汇集到一个地方，构建雨水花园、生态滞留池、人工湿地，用时间换空间，通过"滞"，可以延缓形成径流的高峰，延缓短时间内形成的雨水径流量。

海绵城市——净：通过土壤的渗透，通过植被、绿地系统、水体等对水质产生净化作用。因此，应该将雨水蓄起来，经过净化处理，然后回用到城市中。

2. 雨水收集回用的应用

雨水降落在地面的部分通过下渗技术有效补充地下水，抬高地下水位，缓解地下水位下降趋势，对减轻城市雨洪排水的压力，提高城市排水管网的防汛能力有显著作用。利用城市洼地收集雨水，增加城市河、湖、水体、湿地面积，增加空气湿度，净化空气。

（1）渗透式雨水收集系统

渗透绿地收集：利用公园绿地地形变化丰富的优势，合理利用现有绿地积蓄雨水。如下凹式绿地，其蓄渗效果最好，可采用坑塘或水系收集雨水；在不易形成地面水景的区域，建造雨水的收集储存系统，配套节水灌溉措施。

渗透路面收集：广场、公园路面，步行道、自行车道的雨水渗透收集，常用材料有渗透性强的混凝土沥青渗水路面、渗水性地砖、嵌草路面、草皮砖和卵石、碎石等。

（2）公园屋面雨水收集与利用

公园建筑物的雨水收集系统应结合公园建筑物的规划布局、地形地貌进行组织，宜采用暗渠收集雨水，即将屋面、墙面及散水等处的雨水引入环形滤水槽，槽内铺设卵石或砾石等滤水材料，雨水渗入滤水槽，再入蓄水池，或经汇水管与地面植物、垂直绿化植物的种植槽相连，用于浇灌植物。公园建筑屋顶收集雨水的利用与道路相近，其中"高花坛＋低绿地＋浅沟渗渠渗透"得到好评，即屋面雨水先流经高位花坛进行渗透净化，而后与道路雨水一起通过低绿地，流入渗透浅沟；雨量较大时，雨水沿着浅沟进入渗渠继续下渗；超过渗透能力的雨水再排入集水坑塘或人工湖。

图 17　天越广场图

图 18　滩林鸣禽图　　　　　　　　　　　图 19　长堤栖鹭图

3. 以红树林为核心的景观植物共生的湿地生态景观营造技术

本项目在河道驳岸、潮间带高潮位、中潮位、低潮位 3 个区域和各种不同滩涂质地下种植不同种类的真红树植物、半红树植物和伴生植物，营造出生态景观丰富的多样性。丰富的植物多样性为生态安全抗病、抗灾能力提高，为海洋生物、鸟类提供物质配给和栖息地营造，对红树林湿地的生态修复进度和生态保护起到重要作用。

建设突出红树林湿地的自然性、生态多样性融合，生态保护、科普科研、观光游览、休闲度假为一体的综合性城市湿地公园，从而维护湿地生态系统结构和功能的完整性，保护鸟类、海洋生物栖息地，防止湿地生物多样性衰退，最终将大亚湾国家城市湿地公园建设成为一个以亚热带红树林湿地景观为特色，集山林、草滩等景观于一处的城市湿地公园。

四、结语

近年来，大亚湾红树林湿地生态环境遭到一定程度的破坏，红树林湿地生态环境的改善有赖于红树林植被的恢复与重建。如何采取有效措施快速恢复和发展红树林，维持红树林生态系统的物种多样性与健康发展，是亟待解决的重要问题。本项目建设对保存完好的红树林湿地生态系统进行保护，修复已破坏的滨河湿地系统，营造以红树林为主、其他景观植物为辅，人与自然和谐发展的园林景观。通过生态修复，创造自然繁衍的红树林栖息地和多样化的动植物生境。项目建设将极大地改善城市生态环境，充分展示湿地生态文化，普及湿地科普知识，解决防洪排涝等水利问题。实现资源节约、环境友好的生态文明发展，提升城市居民生活环境品质，带动地方经济的发展，实现生态效益和经济效益的共赢，为大亚湾区提供一系列生态环境优美、文化氛围浓厚、层次较高的休闲娱乐场所。通过生态、文化、科普等多层面来展示大亚湾城市特色的景观风貌，将使城市文化形象及品位进一步得到提升，城市面貌焕然一新。

图 20　园林趣步

单位名称：广东美景环境科技有限公司

通信地址：广东省惠州市惠城区江北街道期湖塘路 5 号惠鹏大厦 13 楼

邮　　编：516000

电　　话：0752-3369287

传　　真：0752-3377221

19

常熟文庙二期工程

常熟古建园林股份有限公司

崔文军　王　超

一、工程概述

　　常熟文庙在古代城市中具有极其重要的地位，庙学合一，是教书育人、传承文明、弘扬传统文化的重要场所。为传承悠久的历史文化，延续常熟千年文脉，常熟市政府 2008 年启动文庙一期工程，对言子专祠和戟门（大成门）进行修复；2013 年启动文庙二期工程，修缮及重建了大成殿、崇圣殿、崇圣门、仪门和室外景观等（图 1 ～图 20）。

图 1　常熟文庙全景

图 2 大成殿正立面

图 3 大成殿侧立面

二、项目解析

现位于中轴线的大成殿是文庙的核心建筑，五开间，面积约 300m²，高 19.3m，鎏金龙吻高 2.1m，脊中有"至圣仙师"四个鎏金大字。重建的大成殿为全木结构，其中最大的构件为 4 根香樟木金柱，高度达 14.3m，直径 90cm。工匠们用斧子砍削出一根木料需要花费近半个月时间。在木构架的安装过程中，使用了两台 50t 的大型汽车吊同时配合施工，才顺利完成。

图 4 大成殿内景

图5 大成殿门窗

大成殿上、下檐共有154朵斗栱，下檐外檐斗栱为六铺作单抄双下昂里转五铺作双抄斗栱，上檐外檐斗栱为七铺作双抄双下昂里转五铺作双抄斗栱。斗栱用料硕大，使建筑出檐深远，整体更显庄严雄伟、古朴大方，体现出苏州传统"香山帮"营造技艺之精妙。

由于大成殿为全木构件，构件尺寸比较大，无法在烘房进行最佳含水率的控制。经业主同意，公司在木构架安装完成后，没有按常规做法立即进行油漆施工，而是等待8个月，使木构件自然风干后才开始油漆施工。整个建筑油漆均使用矿物颜料，保障油漆的质量、效果和整体施工水平。

图6 大成殿室内斗栱

架于大成殿正中大梁之上的金色藻井为八角木结构藻井，高约 1.6m，下部直径约 4.7m，顶部为贴金莲花，斗栱出挑采用凤头昂贴金，整个建筑结构钩心斗角、繁复异常。藻井用料全部为进口柚木，工匠们花了一个月时间才安装完成。

斗栱制作安装过程中按照公司专利做法施工，石材施工和粘结按照公司省级工法施工工艺施工。所有木构件采用工厂化生产，使用先进机械设备辅助粗加工、人工操作精加工后运到现场安装，施工过程中使用先进测量设备和仪器。所有木材都进行防腐和防火阻燃处理，然后采用矿物颜料油漆施工，屋面使用新型防水材料，安装工程采用新技术和新工艺施工。

大成殿施工过程中前广场发现 220m² 的宋、明两代老地坪，经专家论证具有较高历史价值，采用了在地坪上铺设防腐木地板，上面开九个孔，铺设钢化玻璃的方法，进行可逆性的保护展示。

在施工过程中发现宋、元、明、清各个朝代的碑刻60 块，具有非常高的历史价值和艺术价值。请专业人员清理、拓印，并加框保护。

图 7 大成殿藻井

图 8 大成殿歇山做法

图 9 大成殿戗角

图 10　大成殿前石栏杆

图 11　大成殿前望柱

图 12　崇圣殿正立面

这些碑刻除了在碑廊集中展示外，在崇圣门、大成门、礼门等重要位置均进行展示。

施工过程中使用红外线水准仪、全站仪、测距经纬仪等先进的测量设备和测量技术，完成定位放线、梁柱及木构件装配、吊装、屋面作业等一系列施工。

所有木构件均使用 ACQ 环保木材防腐剂，采用新技术和工艺进行防腐处理。所有木构件在生产车间木材防腐浸渍罐中进行防腐处理，防腐处理完成后再运到现场使用，尽可能减少对现场环境的污染。

所有木材在油漆作业前，均使用 FRW 有机阻燃剂进行防火阻燃处理。在打磨和处理好的木材表面喷涂 FRW 有机阻燃剂后，再进行油漆作业施工，满足木材防火要求，遇火后可形成阻隔，可以延缓燃烧速度。

屋面使用了三元乙丙橡胶新型防水卷材，并按照新工艺施工，提高屋面的耐久性和防水性能。

强电、弱电、智能化等安装工程施工过程均按照最新技术和工艺施工，在材料选择、安装位置、铺设等方面，不但要符合防火要求而且要兼顾美观和协调一致。

三、技术创新

在斗栱的制作安装过程中，按照公司专利（一种木销键连接的木斗栱，实用新型专利，专利号：201520176336.3）中的做法施工，将斗栱的耳和斗、升本

图 13　崇圣殿后檐

图 14　崇圣殿石栏杆

体分开制作，且都设置连接孔，不但可以节约大量木材，而且可以避免顺纹抗裂强度不够问题，采用木销键及木胶将分开制作的耳和斗、升本体可靠地连接起来，避免在加工、运输及安装过程中造成掉落问题，从而避免缺陷而影响成品质量。

石材施工部分，按照公司工法（仿古石栏杆植筋灌浆锚固施工工法，江苏省级工法，工法号：JSSJGF2014-2-195）中的工艺施工，将圆铁管作为预埋件，在栏杆柱中钻孔，套入预埋件内，然后进行压力灌浆，提高整体性和牢固程度，有效克服了传统石榫锚固易松动问题，提高了仿古石栏杆的使用寿命。

图 15　崇圣门正立面

图 16　崇圣门木梁架

图 17　仪门正立面

图 18　室外景观 1

图 19　室外景观 2

图 20　室外景观 3

单位名称：常熟古建园林股份有限公司

通信地址：江苏省常熟市枫林路 10 号

邮　　编：215500

电　　话：0512-52881957

传　　真：0512-52881082

20

恒禾七尚 1 号地块高层区 （剩余区域） 景观工程

厦门宏旭达园林环境有限公司

杜伟宏　刘志峰

一、工程概述

　　恒禾七尚 1 号地块高层区拥有永无遮挡的一线湾海景观视野和优越的生态环境，为中国南方首个入选"亚洲十大超级豪宅"的高端住宅项目，设计方案荣获了美国建筑师学会（AIA）的优秀设计奖，成为目前中国地区获此殊荣的住宅类项目。其领先设计，突破传统的居住观念，为这个城市带来全新的奢享理念。

图 1　天光云影

图 2　逸亭枕泉

　　本项目主体建筑采用海浪飘带大胆的设计风格，园林景观定位高，把南美滨海自由风情园林元素与厦门海洋元素融合在一起，在景观选材上也充分考虑品种、颜色、形态和建筑的合理搭配以及地域性特征，打造出"一园有四季"的独特园林风景。

　　恒禾七尚 1 号地块高层区（剩余区域）景观工程竣工面积 31986m²。该工程分园建、水电安装、绿化三个分部工程，其中园建工程主要由围墙、水景、景墙、景观亭、休闲平台、树池、园路、岗亭、雕塑小品等组成；水电安装工程由庭院灯、射树灯、草坪灯、泛光灯、壁灯、埋地灯、喷泉、叠水等组成；绿化种植乔木有银海枣、华盛顿椰子、狐尾椰、凤凰木、香樟、加纳利海枣、细叶榄仁、美丽异木棉、黄槿、鸡蛋花等（图 1～图 22）。

图 3　逸亭夜色

图 4　逸亭剪影

图 5　蓓蕾天地

图 6　碧波鱼影

图 7　亭廊映趣

二、项目解析

1. 人文美感

人文景观需融入本土的元素，具有地域性特色和本土文化的底蕴。有文化内涵的园林，才是有生命的、可持续的。

2. 滨海元素

本项目主体建筑外观采用海浪飘带的设计，园林景观亦融入了大量海洋元素，与厦门亚热带滨海风情相融合，打造永无遮挡的一线湾海景观视野和优越的生态环境。

海浪沙滩记忆：小区入口广场地面铺装，采用与主体建筑外观设计相呼应元素——海浪飘带，以流畅飘带式的黑金沙石材线条收边，内铺大面积黄木纹和灰色卵石，构成色彩对比，步入小区，便似有金色沙滩的柔情，亦有翻滚海浪的灵动。

图 8　顽猴戏水

　　群鱼雕塑应用：外侧墙面点缀着青铜打造的形态各异的热带鱼雕塑，夜晚在背景灯光的映衬下，仿佛鱼群在游走。儿童戏水池中三尊铜鱼雕塑，形态各一，不定时喷水，增添儿童戏水的趣味性。背景墙墙面以蓝钻石材加工成鱼鳞片铺贴背景，装饰一组热带鱼雕塑。群鱼雕塑用绿钻石材精心雕刻而成，栩栩如生，随着水幕墙流水倒影在池中，水波荡漾，和着水池中用青铜打造的三座喷水鱼雕塑，仿佛群鱼竞技，妙趣横生。

　　渔家少女雕塑：景观雕塑广场位于小区中轴线，无数昆虫铜雕塑在景墙上翻飞，活灵活现，引人入胜；广场中心开阔的绿地草坪两侧又有六位渔家少女吹着长号，似有昆虫的呢喃，又似有渔民赶海的号角，此时无声胜有声，陶醉其间，乐趣无穷。

图 9　休闲时光

图 10　阳光草坪

图 11　游鱼魅影

图 12　渔家轻音

水景的融合：滨海景观，不能缺了水的灵动。建筑西侧的无边际水池在户内便可欣赏大体量玻璃幕墙外的优美景色，把室外美景引入室内。中庭结合儿童戏水、水幕墙流、喷水雕塑等，共布置有 9 座水景，周边配置浓郁的滨海植物，在盛夏时带来一丝丝凉意，营造了宜居健康的生活环境。

火山岩应用：火山岩是滨海火山爆发后留下的特有产物，极具滨海特色。外侧围墙墙面以灰色火山岩和黑色花岗岩拼铺为特色背景墙，中庭花坛或以自然形态红褐色火山岩贴面，或以灰色火山岩整板贴面、间以自然形态红褐色火山岩装饰。儿童戏水池更衣室是两座筒形构筑物，以红色火山岩装饰贴面，更显古朴大方。

3. 植物选择

南美滨海自由风情园林离不了热带植物的运用：

庭院四周以高大的小叶榄仁为骨架树种，围合出中心景观空间，又形成植物竖向林冠线。

四侧硕大的特选红花鸡蛋花列植于中轴线两侧，把人们的视线引入景观雕塑广场，广场中心布置开阔的绿地草坪，四周以常绿的香樟为主景树种，配以密实的桂花、丛生水葡萄等，围合成独立的休闲空间。

儿童戏水池周边以银海枣、红花鸡蛋花为主景树种，木构休憩亭隐没其间，和着群鱼雕塑，在水景中形成婆娑倒影；红色火山岩装饰更衣室周边，种植柔和青翠的棕竹、肾蕨、花叶良姜，形成色彩对比，使硬景和软景有机融合为一体，更显古朴大方。

图 13　层林叠翠

图 14　曲径别韵

图 15　火炬平台鸟瞰

阳光草坪东西两侧以列植的小叶榄仁和桂花为骨架树种分隔空间，南侧木构景观亭四周种植 7 株脱秆 4 ～ 7m 的名贵树种——加纳利海枣，体现了尊贵奢华的品质。配以蒲葵、华盛顿棕、狐尾椰等棕榈科植物，成丛种植的大花鹤望兰，点缀鸡冠刺桐、黄花风铃木、红花鸡蛋花等当地适应性强的开花植物，配以绿地草坪，完美呈现了浓郁的滨海椰林风情。水景绿地边两组憨态可掬的猴子喷泉雕塑，和着棕榈植物在水景中的婆娑倒影，让人有置身热带岛屿、回归自然的体会。

4. 人性化施工

园林景观应当以人为本，细节处理体现人性的关怀。石材压顶阳角处统一倒边，宽度为 2 ～ 3mm，避免行人无意中磕碰造成伤害。在压顶转角处粘贴专门的成品橡胶护套，防止儿童磕碰，美观安全。

图 16　孩童天地

图 17　怀幽听风

图 18　廊亭夜影　　　　　　　　　　　　　　　　图 19　车库入口廊架

5. 生活乐园

儿童游乐场是集游乐、运动、趣味、健康、安全为一体的新型儿童娱乐活动场所，器具全部制作为昆虫造型，增强儿童兴趣。儿童游乐场旁的菜园，可供人们自己动手种植瓜果鲜蔬绿色食品，通过亲身劳动，体验到收获的乐趣，可谓是城市中的都市田园。

6. 环保理念

在园林景观施工中，努力践行"美丽、环保"的理念。

养护农药的使用：杜绝使用高毒高残留的农药，选用高效、低毒、无残留微生物农药：苦参碱、川楝素、烟碱、鱼藤酮、阿维菌素等，共同保护生态环境安全。

儿童游乐场的地垫材料：选择使用高品质的天然橡胶、合成橡胶制成橡胶地垫，对环境无污染，耐磨性强，能保证长时间经久耐用、色彩稳定，性能安全可靠。

节能照明：照明以烘托气氛为主，在适当减少常规照明的基础上，增加投射灯、灯带等景观效果照明。重视节能和环保材料的应用，采用太阳能灯和 LED 灯，减少光污染对环境品质的影响。通过灯型的选择和光色的控制，使夜景工程在节约能源的同时呈现出它独有的魅力。

粉碎枝叶的应用：2016 年 9 月 15 日厦门遭遇 14 号强台风"莫兰蒂"侵袭，造成厦门产生大量的倒树断枝。把粉碎枝叶变废为宝，大量应用到绿化施工中，既改良土壤理化性状，又能增加有机质。

海蛎壳的应用：阳光草坪作为人流量活动频繁场所，及时的排水是重中之重。施工基层时，选用本地的废弃物海蛎壳替代河沙作为阳光草皮的透水层，价格低廉，效果良好，做到环保、废物利用。

图 20　七尚雅境

单位名称：厦门宏旭达园林环境有限公司

通信地址：厦门市思明区湖滨南路 357-359 号海晟国际大厦 16 层

邮　　编：361000

电　　话：0592-5805379

传　　真：0592-5805367

图 21　群鱼景墙

图 22　群鱼戏水雕塑

21

六合新城环境综合整治工程项目园林绿化工程

南京嘉盛景观建设有限公司

陈 聪 刘 全

一、工程概述

　　六合新城内河水系环境综合整治工程，位于新城龙池大道西南侧，通过泵站与滁河相连。依托原有自然水系规划河道，形成"三湖五河"的新城内河生态水网格局。内河水系，是新城重要的水利枢纽和滨水景观平台；景观设计以莉湖、茉湖两大湖区为重要节点，内河以带状景观空间进行过渡衔接。

　　新城内河水系连通，与滁河相接，规划形成以"文化、商业、生态"为主要景观特征，三足鼎立的大水岸景观空间格局。内河滨水景观带以文为魂、以水为脉、以青为体，体现六合新城城水相拥、绿脉相融的青城、青水、青岸的新城市景观形态。

图 1　莉湖春色 1

图 2　莉湖春色 2

图 3　莉湖春色 3

图 4　莉湖木栈道

图 5　莉湖夏景

图 6　莉湖秋色

图 7　莉湖木栈桥

在景观结构上以生态建设为基础，以景观空间带动非景观空间的整体价值，激发新城的活力。整体布局以滁河右岸风光带为依托，内河水系内部道路为骨架，形成了"一轴三带三片，一环四区一弧，多线多点"的新城景观网络。内河水系景观部分以"两湖为心，四脉相融，多点镶嵌，交相辉映"的景观结构为主。

在设计策略运用景观都市主义理论，将城市河道和城市道路作为重要的景观要素，构建景观基础设施——新城绿色通道的基本框架，同时将地域特色文化特征与可持续性生态设计相结合，提供丰富多样的休闲游憩空间。

新城三湖五河中面积最大的生态景观区，设计以绽放的茉莉花为主题，以生态建设为基础；依托周

图 8 莉湖自然式驳岸

边道路和用地性质，将居住、商业等用
地释放的活动内容与生态建设、水利行
洪相结合，形成集居住、商业、休闲等
活动为一体的休闲生态公园，形成"一
环两轴三片五区"的空间格局。

二、项目解析

本项目主要工程涉及三方面
（图 1～图 20）。

1. 道路景观工程

道路景观工程由龙池路、金穗大
道、林场路、上马路、翠景路等 23 条
道路组成。其中龙池路、金穗大道、林
场路为景观主干道。主要行道树为银杏、
香樟、榉树、无患子、法国梧桐等，花
灌木主要有桂花、垂丝海棠、紫花海棠
花等，灌木主要有红花檵木、金边黄杨、
金森女贞等，地被主要有麦冬、草坪等。

图 9 大莉湖叶柳

2. 滁河右岸（新城段）环境综合整治景观工程

滁河右岸（新城段）环境综合整
治景观工程施工内容主要包括：土方工
程、桩基工程、桥梁工程、景观绿化工
程以及给排水照明工程等。主要苗木品
种有银杏、香樟、桂花、红花檵木、金
森女贞等。

图 10 莉湖钢结构桥

图 11　茉湖鸟瞰

3. 内河水系环境综合整治景观工程

内河水系环境综合整治景观工程分为：桥西河、林场河、毛营河、茉湖、莉湖、丁字河。其中，茉湖景观工程规模约 30000m²。该部分工程包括土方、绿化（栽植乔木 832 株，灌木 1128 株，地被及水生植物约 11000m²）、硬质（钢筋混凝土挡墙 2 个，广场 2 个，A 区及 B 区彩色透水混凝土 1500m² 左右）、景桥 3 座、栈桥 2 座、水榭 1 座、厕所 1 座、钢结构玻璃亭 3 座、旱喷 3 处及水电。莉湖景观工程规模约 140000m²。主要包括土方、绿化（栽植乔木 1650 株，灌木 4000 株，地被及水生植物约 65000m²）、硬质（广场 2 个，儿童游乐场 1 个，4m 园路沥青混凝土约 2800m²）、景观钢结构桥 2 座、景亭 1 座、厕所 1 座、钢结构蔷薇花架 8 座、栈道约 350m、钢结构廊架 6 座及水电。

本项目在植物配置环节，主要运用了水平与垂直对比、体形大小对比和色彩明暗对比三种方法。考虑成活率的同时大量采用本土树种，如乌桕、枫杨、垂柳、杉树、大叶柳和榔榆等，

图 12　茉湖景观廊架

图 13　中央公园

图 14 滁河右岸樱花堤

图 15 滁河右岸驳岸

以其高大的形态，映衬地形的伟岸，在气势上相互协调。同时，增加色彩构图的明暗及冷暖对比色，以中层苗木的桃树、山楂、柿树和樱花等灌木的强烈对比，呈现跳跃新鲜的效果，在形态的把握上也尽量选择能体现生态水系的自然树形。

另外，岸边浅水区域选择栽种荷花、睡莲和芡实等，在小岛及水岸线周边布置了适量的景石，通过水岸线的变化、硬质景观、绿化和景石等相互穿插，营造出原生态的水系景观。

公园入口处采用色彩对比进行强调，利用植物不同的形态，运用高低、姿态、叶形叶色、花形花色的对比手法，表现一定的艺术构思，衬托出上佳的植物景观。

本工程滁河右岸环境综合整治工程中有一座主要结构全部用胶合木制作而成的木桥，胶合木作为一种新型材料，高强度又漂亮，在本工程中无论工艺还是技术都有部分创新，主要结构在工厂加工完成到现场进行安装，完成后取得了很好的景观效果。

图 16 滁河右岸水杉林

图 17　滁河右岸曲桥

图 18　滁河右岸广场

图 19 滁河右岸木结构桥

单位名称：南京嘉盛景观建设有限公司

通信地址：南京市雨花台区软件大道 168 号 4 栋 3A

邮　　编：210012

电　　话：025-52896199

图 20 滁河右岸疏林草地